看，了不起的动物朋友们

李硕 ◎ 著

浙江人民美术出版社

图书在版编目（CIP）数据

看，了不起的动物朋友们 / 李硕著 . -- 杭州 ：浙江
人民美术出版社，2025. 6. -- ISBN 978-7-5751-0511-8

Ⅰ．Q95-49

中国国家版本馆 CIP 数据核字第 2025VD8430 号

责任编辑：郭玉清
责任校对：董　玥
责任印制：陈柏荣
装帧设计：耿　雨

看，了不起的动物朋友们　　　　　　　　　　　　　　　　　　　李硕　著

出版发行：浙江人民美术出版社
地　　址：杭州市环城北路 177 号
经　　销：全国各地新华书店
制　　版：北京市大观音堂鑫鑫国际图书音像有限公司
印　　刷：北京天恒嘉业印刷有限公司
开　　本：710mm×1000mm　1/16
印　　张：14
字　　数：140 千字
版　　次：2025 年 6 月第 1 版
印　　次：2025 年 6 月第 1 次印刷
书　　号：ISBN 978-7-5751-0511-8
定　　价：69.80 元

★如发现印装质量问题，影响阅读，请与承印厂联系调换。

目录

谁住在最热的地方？

　　炎炎夏日，太阳不知疲倦地照耀着大地，地表的温度越来越高。

在地球上，有许多炎热的地方。

位于伊朗的卢特沙漠，是伊朗的世界自然遗产之一，同时也是全球最热的地方。在夏季的时候，它的最高温度能达到70℃。

近些年，澳大利亚的昆士兰地区温度也在逐渐升高，2003 年的时候，这里的一片荒地的温度达到了 69℃！

除此之外，美国的死亡谷、利比亚的古达米斯、突尼斯的吉比利，气温都曾超过 50℃，十分可怕。然而，在这样的高温地区，我们也能看到一些动物的身影。那么，谁住在最热的地方呢？让我们一起来看看吧！

知识小卡片

关于温度的计量单位，主要有摄氏度和华氏度两种。我们生活中常用的是摄氏度，也就是说在标准大气压下，将冰水混合物的温度设置为 0 摄氏度，将水的沸点设置为 100 摄氏度，在这两个温度间平均分出 100 份，每份就是 1 摄氏度。华氏度则是在标准大气压下，将冰的熔点设置为 32 华氏度，水的沸点设置为 212 华氏度，将中间平均分为 180 份，每份为 1 华氏度。世界上绝大部分国家都使用摄氏度，但也有少部分国家使用华氏度来计量温度。

在北美洲，有一种美丽的大型蝴蝶。它有一个霸气的名字，叫作"帝王蝴蝶"。

帝王蝴蝶在世界上有着很高的知名度。它的外表十分美丽，身上黑色和橙色的花纹相间，被人们称为世界上最好看的蝴蝶。

除此之外，帝王蝴蝶还是世界上唯一一种具有迁徙习性的蝴蝶。十分怕冷的它，为了躲避北美的严寒，每年都会飞行上千千米前往其他地方过冬。这种独特的迁徙习性，在昆虫中是独一无二的。

知识小卡片

　　蝴蝶是一种十分美丽的昆虫，种类有很多，仅在中国，就有2000多种，全世界有记载的蝴蝶已经接近2万种。

　　在成为漂亮的蝴蝶之前，它们需要经过卵、幼虫、蛹和成虫4个阶段。从蛹中挣扎着蜕变出来需要耗费很大的力气，因此人们也用成语"破茧成蝶"来描述经过不懈努力后摆脱困境的情境。

　　蝴蝶喜欢吃甜食，花蜜、果汁、糖饴都是它们的最爱。它们吃饭的方式也很独特，是采用虹吸式口器进行吸食。

　　每年秋天，帝王蝴蝶会从落基山脉出发，向墨西哥中部飞去。整个旅程有 3000 多千米，那么，帝王蝴蝶是如何完成这场长途旅行的呢？

　　首先，帝王蝴蝶借助上升的热气团到达理想的高度，然后乘着气流飞向墨西哥。由于常年的长途迁徙，它能够熟练地运用气流，且飞行技艺已十分高超。到达墨西哥时，它的体重非但不会因为长途跋涉减轻，相反还会有所增加。

　　帝王蝴蝶不但可以利用气流上升到数百米的高度任意飞翔，还能够贴近地面飞行。

知识小卡片

墨西哥位于拉丁美洲，领土面积 196.44 万平方千米，位居世界第 14 位。墨西哥有着悠久的历史文化，在美洲大陆生活的印第安人，他们的古文化中心之一就是墨西哥。墨西哥的气候十分复杂，由于高原和山地众多，因此具有明显的垂直气候特征。这里常年高温，最冷的时候也有 6~19℃。

看，这是生活在墨西哥的"红点蟾蜍"。它们的身体小小的，个头最大的身长也只有 8 厘米左右。它们的背部有许多红色的斑点，因此人们称其为红点蟾蜍。

红点蟾蜍一般生活在沙漠的绿洲中，偶尔在开阔的草原或峡谷地区也能看到它们的身影。

别看红点蟾蜍小小的，它们可是运动健将呢！它们十分喜欢攀岩，在天气炎热的时候，会跳到岩石的下面，躲避酷暑。

知识小卡片

蟾蜍和青蛙小时候虽然长得十分相像，但仔细观察也可以区分开来。青蛙的幼体蝌蚪是纯黑色的，且形态圆润。蟾蜍的幼体蝌蚪虽然也是黑色的，但身体形状为椭圆形。

它们的成年状态也有着很大的不同。蟾蜍通常在泥穴和潮湿的岩石下方生活，青蛙则经常在水边的草丛中活动。蟾蜍的皮肤很粗糙，背部长满了疙瘩。青蛙的外皮则十分光滑，背上有条纹。此外，蟾蜍具有很高的药用价值，可以治疗恶疮、水肿和慢性气管炎等疾病，因此蟾蜍又被人们亲切地称为"蟾宝"。

在非洲北部的沙漠里，居住着"耳廓狐"。耳廓狐是世界上最小的犬科动物之一，和小猫一般大小，有着淡黄色的皮毛。它的耳朵又大又长，最长能达到 15 厘米。大大的耳朵可以帮助它们散热，以此适应沙漠干燥酷热的气候。此外，大大的耳朵也能帮助它们对周围微小的声音迅速做出反应。

为了适应高温，在炎热的白天时，耳廓狐躲在洞里呼呼大睡，到了凉爽的深夜，它们才会出来溜达。

知识小卡片

沙漠中的地表完全被沙子覆盖，植被稀少，很少下雨，空气十分干燥，满眼荒芜，因此沙漠中很少有人居住。

沙漠的形成原因有人为和自然两种。人为原因主要有过度开垦、过度放牧和不合理的樵采等。植被被破坏后，地面就失去了覆盖物，大片土地裸露出来。在干旱的气候和大风的作用下，绿色的原野逐渐退化，最终形成沙漠。自然原因主要有气候条件、地质、地貌等因素。

穴鸮，是一种小型的猫头鹰，身长只有19~25厘米，体重也很轻，大约200克。它们身形纤瘦，有长长的腿，脸颊是白色的，穿着褐色的外衣，还有小斑点点缀在上面，十分神气。

　　在开阔的草地和农耕的平原上，常常能见到穴鸮的身影。别看它们个子小小的，却有着很大的勇气！穴鸮喜欢捕食个头大的昆虫，麻雀、老鼠等小动物也是它们的盘中餐。为了在高温的环境中生存，它们会在地下挖洞，把家安在稍微凉爽一点的地洞里。

　　穴鸮的"审美"十分独特，不像其他鸟类喜欢用美丽干净的东西装饰自己的巢穴，相反，它们喜欢用发出恶臭的动物粪便来装饰自己的小窝。

在美国的沙漠地带，经常能看到"野兔"的踪影。其实它们的名字叫作美洲兔，是巨型兔子的一种，体重能够达到 12 千克左右。

美洲兔有两种颜色的外衣，一种是白色，另一种则是蓝灰色。在不同的季节，美洲兔会披上不同颜色的毛皮大衣。在寒冷的冬天，天地间都是茫茫的白色，为了更好地隐藏自己，它们的毛发就变成了白色。在炎热的夏天，美洲兔们就换上蓝灰色的外衣，远远望去，很像是灰色的野兔。

　　披着这样厚厚的皮毛，美洲兔如何在炎热的北美洲生存呢？原来，这都是它的长耳朵的功劳——长长的耳朵立起来有助于散热。

　　瞧，它躲在高大的仙人掌下避暑，并竖起长长的耳朵，可爱极了！

　　知识小卡片

　　兔子是一种十分胆小的动物，突然的喧闹声或者生人和陌生动物靠近都会使它们惊慌逃窜。它们有着长长的耳朵和短短的尾巴，后腿十分强健，可以快速跳跃。兔子最明显的特征就是它们的三瓣嘴了！瞧，三瓣嘴一耸一耸，正在吃东西呢！

在干旱的沙漠中，有一个小小的身影正在飞速穿梭。这种长尾巴的老鼠，叫作"沙鼠"。在 40℃ 的沙漠里，它们依然可以活蹦乱跳！

　　生活在北非的肥尾沙鼠白天喜欢躲在洞里呼呼大睡，等到夜晚才会出来觅食。肥尾沙鼠不像普通的老鼠那样有着难闻的气味。肥尾沙鼠十分爱干净，看，它们正在用小爪子为自己洗脸呢！每天它们都会花费很多时间洗脸刷毛，此外，它们很少排尿，尿液也没有刺鼻的味道。

　　肥尾沙鼠非常可爱，它们"无欲无求"，哪怕是被人放在手掌心上，也只是呆呆地坐在那里，对周围的环境丝毫不感兴趣。

知识小卡片

　　尿液是通过肾脏形成的。人体内有很多血液，这些血液会路过肾小球，肾小球将血液中的杂质进行过滤，就形成了原尿。大量的原尿进入到肾小管和集合管中，会被人体再次吸收，最后无法吸收的水和人体机体代谢后的产物被输送至膀胱中。此外，肾小管也会分泌一些代谢的产物，最终也流向膀胱。当膀胱中的液体足够多时，就产生了尿意。

　　见过了其他几个大洲的神奇动物，现在让我们回到中国。在连通中国和蒙古国的戈壁沙漠上，走来了一头双峰骆驼。它迈着细碎的步伐，高昂着头颅在沙漠中穿梭。

　　骆驼的适应能力可强了！就算在 60℃ 的高温下，它也能顽强地生存下去。在不同的季节，骆驼会去草原、荒漠、戈壁等地生活。

　　正午时分，日光毒辣，骆驼便在此时休息；等到晚上，气温变得凉爽宜人的时候，则会出来活动。

知识小卡片

　　骆驼的驼峰中储藏了大量的脂肪，在长时间不进食的情况下，就会消耗里面的脂肪。同时，将脂肪都聚集在这一处，可以使体温保持稳定，不会使身体各处过度发热。

瞧，骆驼长长的眼睫毛美丽又迷人，还可以抵御风沙。骆驼是个大家伙，体重能达到 500 千克，它们喜欢群居，常常结成 4~6 头的小群一起生活。

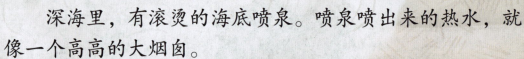

深海里，有滚烫的海底喷泉。喷泉喷出来的热水，就像一个高高的大烟囱。

你能想象吗？"庞贝蠕虫"竟然可以在这热气腾腾的喷泉口自在地生活。它们能承受住80℃的高温。

庞贝蠕虫的生活环境十分艰苦。在庞贝蠕虫生活的水域中,常常有铅、镉、镍等有害物质,它们是如何在这样的环境中生存下来的呢?

原来,在庞贝蠕虫的背部,有一种丝状的细菌,这种细菌可以形成一层厚厚的保护膜,帮助它们隔离那些有害物质。

知识小卡片

在寒冷的冬天,能泡在热乎乎的温泉里是一件十分美好的事情。温泉中的水比一般的溪水要热很多。温泉的形成十分不易,一定要满足三个条件——地下有热水存在,还必须有静水压力,岩石中必须有裂缝能够使热水渗透到地面上。

温泉的形成方式有两种:一种是地壳内部的岩浆作用形成温泉,或者火山喷发时伴随形成了温泉,这样形成的温泉中常常含有大量的硫酸盐;另一种温泉则是通过地表水的渗透循环作用形成的,这样形成的温泉大多能在山谷中见到。

看，了不起的动物朋友们

知识小卡片

　　小朋友们，你们知道为什么夏天最热吗？这是因为在夏天太阳几乎是直射在大地上的，太阳发出的热量更多地被地球接收到，所以气温更高，更加炎热。

　　此外，随着人口不断增多，汽车尾气不断增加，工厂排放的废气也越来越多。这些废气中都含有大量的二氧化碳，如果植物越来越少，不能够及时地将这些二氧化碳转化成氧气，光合作用的效果就会越来越弱，气温也就会越升越高。

　　夏日炎炎，小狗被热得直吐舌头。看着帝王蝴蝶自由自在地飞舞，小狗十分疑惑。

　　"你不热吗，为什么要来到炎热的墨西哥呢？"小狗问道。

　　"每种动物能适应的温度不同，这里的温度对我来说刚刚好。"帝王蝴蝶说道。

"不仅是我，我的许多朋友都喜欢住在炎热的地方。"帝王蝴蝶解释道。

"没错！我们就喜欢住在热的地方！"红点蟾蜍、耳廓狐、穴鸮、野兔、沙鼠、双峰骆驼、庞贝蠕虫齐声说。

小朋友，世界之大，无奇不有。还有住在更热地方的动物吗？等你来探索哦！

23

谁住在最冷的地方？

地球上有许多寒冷的地方，北极是世界上最冷的地方之一，这里拥有漫长的冬季。

在冬季的时候，太阳始终在地平线以下，海面完全被冻结。在夏季的时候，太阳又连续几个星期都挂在天空，温度升高。

知识小卡片

在北极有一种特殊的自然现象——极昼和极夜。极昼来临的时候，太阳永远高高地挂在天上，天空总是亮亮的。即使到了午夜时分，太阳也照耀着大地，像白天那样明朗。极夜则正好相反，在极夜期间，太阳一连好多天都不会出来，天空总是黑洞洞的。有的时候，连月亮也不见了踪影。这种现象十分神秘，科学家们经过探索终于查明了原因。极昼和极夜现象的出现是由于地球的自转轴与绕太阳公转的轨道平面之间有倾斜角。

在这里，你能见到壮美的冰川、高大的雪山、清澈的冰湖。北极地区的陆地与岛屿上的冰雪构成了一幅辽远宁静的画面，看起来万事万物都静止不动了。

然而，事实却并非看到的那样。陆地上的冰盖往往缓慢地移动着，最后在海水中崩塌，场面十分震撼。

这样严峻的环境，哪些动物会生活在这里呢？让我们一起来找一找吧！

看！远处有一只蜜蜂正在辛勤地劳动。这是小个子的"北极蜂"。它是高纬度寒带地区植物的传粉者，能够在4℃左右的温度下辛勤地"工作"。

北极蜂居住在一个荒岛上，在几十年前，这里是测试核武器的岛屿。早在数万年前，冰川覆盖了北极，由于气候恶劣，大多数动物不适宜在这里居住。然而，北极蜂在那时就已经在北极定居，它们拥有强大的生命力，甚至熬过了可怕的冰期。

然而，全球变暖使得北极蜂的生存环境日益恶化，它们如何继续生存下去也是一个难题。

知识小卡片

地球冰期是指在地球的表面被许多冰川覆盖的时期。地球曾经历过许多次冰期，最近一次是第四纪冰期，发生在大约一万年前。在地球冰期来临时，全球的气温大幅度下降，高山地区被冰雪覆盖。由于冰都覆盖在陆地上，水都向这些地方转移，海平面也会大幅度下降，空气十分干冷。关于冰期产生的原因也有很多解释。有人认为是其他行星与地球之间的相互关系影响了地球的气候，有人认为是地球自身的火山运动等导致了冰期的产生。

被冰层覆盖着的地方，是北极熊的家园。

北极熊是世界上最大的陆地肉食性动物，因为浑身雪白，所以又被叫作白熊。它身材壮硕，是名副其实的"大家伙"！一头成年的雄性北极熊体重可以达到800千克。

北极熊的头部较小，并有着小而圆的耳朵。它们披着厚实的皮毛，体内还有厚厚的脂肪，可以抵御−30℃的严寒。

河口国画·陈发彬

谁把瑰奇狂此间，红滩绿苇氰烟鬟。
白鸥来去浑无惧，水自清浑云自闲。

天之骄子丹顶鹤·陈友彬

玉影仙姿卓不群，鸥盟鹭友远相闻。
霜翎一舞风烟静，延颈高歌邈水云。

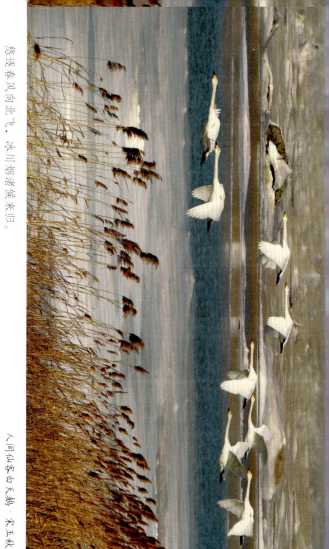

悠逐春风向北飞，冰川烟渚候来归。

谁人得见翩翩舞，疑似仙娥展雪衣。

人间仙客白天鹅·朱玉秋

寄身湿地爱辽河，白羽黑头巢短柯。

为报雨情酬海怒，风云来处漫渔歌。

湿地精灵黑嘴鸥·陈友彬

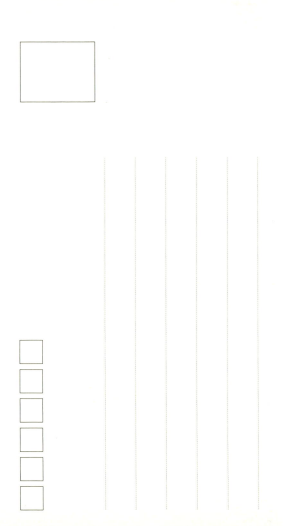

摄影·刘杰

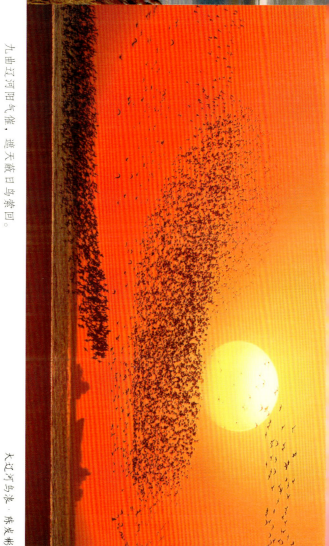

九曲江河阔气催，遮天蔽日鸟萦回。

更传音信江南去，此处风光混玉醅。

大江河鸟浪·陈友彬

西风淡墨染流霞，浩渺烟波秋更嘉。

欸乃舟声何处去，一天云彩向芦花。

岁尚之秋　陈发彬

摄影·刘杰

天之骄子丹顶鹤·陈友彬

玉影仙姿卓不群，鸥盟鹭友远相闻。

霜翎一舞风烟静，延颈高歌遏水云。

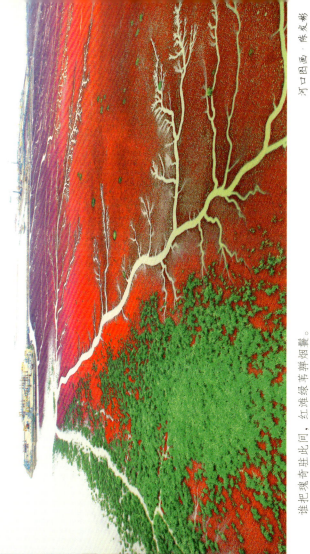

河口图画·陈发彬

谁把瑶奇驻此间，红滩绿苇蕈烟鬟。

白鸥未去浑无惧，水自清云自闲。

摄影·刘本

园林渐已见寻常，唤雨呼晴两处忙。
劝到春耕开碧野，闲闲卧看水云长。

星点花冠戴胜鸟·宋玉秋

主物名片黑臉琵鷺·宋玉秋

羽似琵琶信手弹，悠然一树白清欢。

春来邀得白云坐，秋去闲听芦雪寒。

鸟类"活化石"震旦鸦雀·宋玉秋

绿苇藏身不易寻，唯从短曲觅清音。

新来湿地多生态，好是悠然寄素心。

海上冰帽睡莲海豹·宋王秋

春冰寒寒浪态浑圆，万里归来又一车。

若问心安何处好，殷勤呵护养机缘。

　　北极熊喜欢在北冰洋的浮冰上栖息。除此之外，为了能够在冰面上行走，它们进化出了大大的像桨一样的爪子。它们的爪子有五个脚趾，并且不能够缩回。北极熊在北极地区穴居生活，冬季居住的洞穴很深，甚至可以到达永久冻土层。

知识小卡片

　　在不同的学科中，"冻土层"的定义有所不同。在地理学中，冻土层指的是那些由于气温过低，导致植物的生长季节较短，因而没有办法长出树木的环境。在地质学中，这个词则是指在 0℃以下含有冰的各种岩石和土壤。根据冻结的时间不同，还分为短时冻土、季节冻土和多年冻土。

看！远远地有一群牛向我们走来。它们是麝牛。

麝牛大多在气候寒冷的地方居住，它们喜欢成群结队地行走。

别看麝牛体形很大，可它们与其他牛相同，都是素食动物，主要吃草和灌木的枝条。冬天来临的时候，草木都已经枯萎，这时候麝牛就会"挖掘"苔藓来食用。

麝牛是如何在寒冷的荒芜地带生活的呢？原来，麝牛有着浓厚茂密的毛发，非常耐寒。即使在 −40℃ 的低温环境中，它仍然可以悠然自得地吃草。

麝牛生性勇敢，且十分团结，即使遇到危险，也不会独自逃跑。在遇到天敌时，它们会立即摆成防御阵型，成年的雄性在最前沿，幼牛则被围在中间。

知识小卡片

苔藓是一种十分古老的生物，它们结构简单，不像其他植物有"根、茎、叶"等结构的分化，也没有维管组织。

苔藓喜欢阴暗潮湿的环境。在北温带和高山生态系统中，常能看到苔藓的存在。

苔藓对水分、营养有着特殊的体表吸收方式，因此能够广泛地分布在全球的各个区域。苔藓对保护生物环境有着十分重要的作用，它能够涵养水源，防止水土流失，还能为其他动植物创造一个较为湿润的环境。

在美国阿拉斯加的海域中，生活着身形优美的鲑鱼。

它们的背部呈深蓝色，腹部则是银白色的。两侧的鳞片上带有黑色的斑点。鲑鱼性格十分活泼，它们善于跳跃，常常在逆流的水域中结伴成行。

看！一群鲑鱼正争相跃出水面，似乎在和人们打招呼呢！

鲑鱼最大可以长到 1.5 米长，喜爱群居生活，常常在水底的砾石中翻找食物。

它们可以在接近冰点的冷水中，自在地游泳和觅食。严寒时，它们会游到深海区越冬。

鲑鱼的肉质鲜美，口感很好，营养丰富，常常作为美味佳肴被端上人们的餐桌。

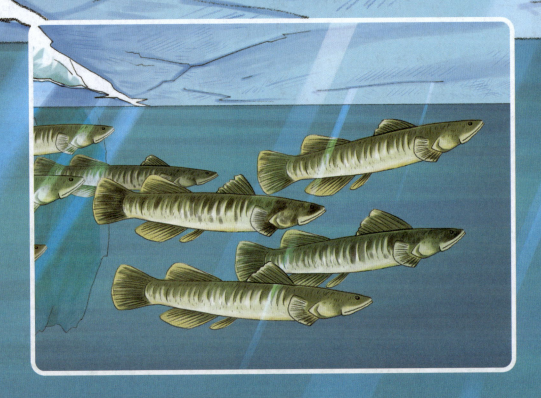

在北美洲的东北部，有一座世界上最大的岛——格陵兰岛。这里有着典型的极地气候，全岛终年严寒，只有沿海地区的夏季气温可以超过 0℃，内陆则终年冰冻。

在格陵兰岛上，超过 80% 的土地都被冰雪覆盖。虽然这里终年严寒，但仍然是不少动物赖以生存的地方。

知识小卡片

极地气候是寒带的一种气候类型。极地气候分为苔原气候和冰原气候两种。在苔原气候区，全年都是冬天，即使是最热的月份，平均气温也低于10℃，并且很少降水，年降水量为200~300毫米。

冰原气候区则比苔原气候区更加寒冷，各月的平均气温都在0℃以下。寒冷导致冰原气候区几乎不会下雨，年降水量也不会超过250毫米。此外，这里的积雪终年不化。

　　雷鸟就生活在格陵兰岛。它们体长约 40 厘米，擅长奔跑，同时也能进行短距离飞行。雷鸟的羽毛颜色会根据季节的不同而改变。在冬天的时候，为了隐藏自己，它们的羽毛会变成白色。到了春夏季节，则变成带有横斑的灰或褐色，以便更好地隐藏在草地中。

　　只有在寒带地区，人们才能见到雷鸟的踪影。它们能够抵御零下 30 多摄氏度的严寒，并在雪堆里睡觉。雷鸟是十分珍稀的动物，在一些神话当中，人们将雷鸟看成神灵的化身，认为它有能够搅动雷电的威力。

知识小卡片

神话是民间文学的一种，是先民进行思考并与自然相结合所产生的一种民间文学。古时候的科技不像现在这样发达，许多自然现象无法解释。神话就是人类的祖先对自然界和文化现象进行理解和想象的故事。

接下来，让我们前往寒冷的西伯利亚，继续寻找其他的耐寒动物。

瞧，这里有西伯利亚雪橇犬的身影。它还有另一个广为人知的名字——哈士奇！西伯利亚雪橇犬脚步轻快，体态优美，两只耳朵直直地立在头顶。它身披很厚很厚、像刷子一样的皮毛，这是它能够抵御寒冷的重要原因。

看！西伯利亚雪橇犬迎着刺骨的寒风，在气温将近 −60℃ 的雪地上奔跑！作为工作犬，它在雪橇比赛、物流运输和极地考察等方面都起着重要作用。

由于西伯利亚雪橇犬性格温顺，并且外观上也很帅气，因此成了人们十分喜爱的家庭宠物，给人们带来了许多欢乐。

知识小卡片

西伯利亚指的是在北亚地区的一片广阔地带，分为西西伯利亚平原、中西伯利亚高原和东西伯利亚山地三个部分。西伯利亚蕴藏着丰富的资源，石油、天然气、煤炭的储量极高。西伯利亚有大片肥沃的土地，是俄罗斯的"粮仓"。

现在让我们把目光聚集到地球的最南端——南极。南极也是气候极其寒冷的地方。南极大陆中部降水稀少，狂风肆虐，空气十分寒冷干燥。

谁会生活在这里呢？

在南极的天空中，南极贼鸥自由地飞翔。它能够在−20℃的气温中生活。目光炯炯有神的南极贼鸥，经常偷企鹅的蛋吃，因此也被称为"空中强盗"。

南极贼鸥是一种十分强悍的稀有鸟类，羽毛大多是黑色的。它们喜欢抢占其他海鸟的巢穴，并且习惯一雌一雄共同居住。南极贼鸥有极强的领地意识，一旦发现外敌入侵，就会立即上前，与外来者进行殊死搏斗。

知识小卡片

南极和北极分别在地球的两端，但南极比北极冷多啦！这是因为南极地区主要是陆地，而北极地区则大部分是海洋。陆地能吸收容纳的温度较海水少，因此它升温降温都更快。南极属于高原，是世界上平均海拔最高的大洲，海拔愈高温度愈低，但北极的平均海拔与海平面相当。就是这些差异，导致南极比北极冷。

41

　　企鹅，也是有名的"耐寒高手"，它们是南极的代表性动物。

　　企鹅是一种鸟类，被人们称为"海洋之舟"。别看它走起路来一摇一晃，看起来笨笨的，实际上它已经在地球生活了很多年，是我们现在知道的最古老的游禽之一。

　　企鹅能够在很寒冷的地方生活，它们可以在零下60多摄氏度的冰面上散步，在冷冰冰的海水里游泳。看！它们穿着漂亮的"燕尾服"，很像一个个小绅士呢！

除此之外，企鹅还是"游泳健将"，一对有力的翅膀使它们能够在水中快速游动。瞧！它们的翅膀像桨一样在水中拨动，一天能游差不多 160 千米。

知识小卡片

帝企鹅是企鹅家族中个头最大的，它们的身高一般在 90 厘米以上，最高的可以长到 120 厘米呢！这样一个大家伙的体重可达 50 千克。它们像其他企鹅一样，穿着好看的燕尾服。除此之外，帝企鹅还戴着黄色的"围脖"——其实那是脖子下面一片橙黄色的羽毛。

雄企鹅会将蛋放入自己双腿和腹部之间的育儿袋中孵化，育儿袋内的温度可以达到 36℃，与 −40℃ 的外界相隔绝。

在北极、南极、西伯利亚等地，有许多不怕冷的动物。在恶劣的环境下，它们顽强地生存下来，并且根据环境和生活习性的不同，进化出了不同的"秘密武器"。有的长出了厚重的皮毛，有的学会了挖洞的本领，让自己能在寒冷的地方安逸地生活着。

你知道还有哪些动物住在寒冷的地方吗？等你来探索哦！

知识小卡片

在南极和北极的夜晚，有时能够看到一种十分美丽的自然现象——极光。极光通常出现在靠近地磁极的地区上空，它们有的是带状的，有的是弧状的，还有的呈现放射状。它们不断变幻着，美丽极了！

极光的产生是因为来自磁层和太阳风的带电高能粒子被地磁场带进了地球的大气层。在大气层中，这些粒子与热层的原子碰撞，发出光芒，这些光就是极光。极光并不是地球上独有的现象，在太阳系的其他带有磁场的行星上，也能看到极光。

谁是最快的？

在地球上的不同角落，生活着各种各样的动物朋友们。

高高的山峰上，顽皮可爱的猴子在树林间自在地荡来荡去，呼吸着山野间清新的空气；矫健敏捷的岩羊奔走于陡峭的山岩中，一对羊角弯弯，身姿挺拔；威武霸气的老鹰盘旋于高空之上，只待发现猎物便给予其致命一击。

　　深深的海洋里，细长光滑的深海鳗鱼在水中尽情游动；白色盲虾在昏暗的海底深处散发着神秘的微光；鮟鱇鱼缓缓游来，用头顶会发光的"小灯笼"吸引猎物。

　　燥热的沙漠里，背着两座"小山峰"的骆驼不紧不慢地行走在沙砾中；双腿细长的鸵鸟正把头埋在沙子里，探听远方的动静；有剧毒的响尾蛇蛰伏在角落里，嘘，千万不要惊扰它。

　　冷冰冰的南极大陆上，胖嘟嘟的企鹅一摆一摆地走着，憨态可掬；海豹趴在水边正兴奋地拍着手；潜水高手海狮坐在礁石上眺望着远方。

动物大家族中，谁的速度最快呢？让我们去世界各地看一看吧！

在位于南半球的澳大利亚，生活着这样一群身姿矫健的"运动员"，它们有着长而尖的耳朵和黑宝石般的大眼睛，浑身毛茸茸的，十分可爱。它们用强健有力的后腿奔跑和跳跃，用又粗又长并且长满肌肉的尾巴维持平衡，雌性的肚子上还长着"口袋"。

小朋友们，猜出来这是哪种动物了吗？没错，就是运动健将——袋鼠！

知识小卡片

　　袋鼠喜欢用跳跃代替奔跑，是跳高和跳远的高手。它们最高可跳到 4 米，最远可跳至 13 米，堪称跳得最高最远的哺乳动物。袋鼠用下肢跳动，其速度非常快，时速可超过 50 千米。袋鼠在跳跃过程中用尾巴保持平衡，当它们缓慢走动时，尾巴可以作为第五条腿。在袋鼠休息时，它的尾巴能够支撑身体；在袋鼠跳跃时，尾巴还能帮助它跳得更快更远呢！

　　袋鼠永远只会往前跳，从不会后退。澳大利亚将袋鼠作为国徽图案之一，就是因为欣赏它们这种勇往直前、永不退缩的精神，希望人们能够向袋鼠学习。

遥远的非洲大草原上，生活着许多斑马。它们的身上布满了黑白条纹，纹路整齐排列着，漂亮而雅致，像是天然的时尚套装。这种花纹在开阔的草原和沙漠地带被阳光或月光照射时，反射的光线各不相同，起着模糊其体形轮廓的作用。

一眼望去，斑马身上的斑纹很难与周围环境区分开来，因此可以在一定程度上保护斑马不被天敌发现。斑马的体形修长，腿部肌肉精壮健硕，是帅气的跑步健将。斑马的奔跑速度非常快，时速可以超过 60 千米，是奔跑速度最快的马之一。

知识小卡片

斑马奔跑速度这么快，为什么人类不用斑马当坐骑呢?

斑马并不像普通马一样容易被驯服，它们有能力与狮子搏斗、和豹子厮杀，这也导致了斑马比普通的野马更加暴躁、凶悍。另外，虽然斑马跑得很快，但是它的耐力却不及很多普通马。虽然斑马的奔跑速度最快可超过每小时 60 千米，但是只能全速奔跑 2 千米左右。斑马的身体结构更接近驴，四肢不如马发达灵活，承重能力低下，因此，并不适宜成为人类的交通工具。

　　谁在草原上咆哮？原来是一头威风凛凛的狮子。只见它撑开四只爪子，伸了个懒腰，将自己庞大的身躯拉得长长的，又眯起眼睛张大嘴巴打了个哈欠。锋利的牙齿在阳光照射下反射出冰冷的锋芒，血红的舌头彰显着其主人的狂野霸气。它睁着一双灼人的眼睛环顾着四周，仿佛在寻找合意的猎物。

　　狮子是猫科动物中唯一群居的，通常由 8 到 30 个成员组成。在这个大家庭里，至少包括一头成年雄狮，若干成长中的狮幼仔和连续几代的雌狮，雌狮是狮群的核心。

为了保卫整个领地，成年雄狮往往并不和家庭成员们待在一起，而是在领地周围游走，仔细地观察着。狮群的分工明确，雌狮的任务是繁殖后代和寻找食物，雄狮则负责保护整个狮群。

知识小卡片

狮子也是奔跑健将，在奔跑速度最快的动物排名中，狮子榜上有名，而且是王者般的存在，它的速度可达每小时80千米！

狮子天性凶猛，能够将各种各样的猎物置于它的魔爪之下。斑马、长颈鹿、羚牛、水牛和大象等，都是狮子的猎物。当狮子发现猎物时，它不会立即行动，而是瞅准时机，趁猎物不备之时发起迅猛的攻击。

　　在美洲的草原上，居住着不少羚羊。它们的外形很像山羊，有两只很大的角，身上披着一层灰褐色的毛，毛色光滑油亮，尾巴又短又翘，很有特点。

　　羚羊是食草动物，没有锐利的爪牙等攻击性武器。它们头上的犄角，就像树枝一样细长，虽然看起来唬人，但在雪豹、猞猁等高山猛兽面前，这对犄角是起不了多大作用的。

　　虽然如此，但小朋友们可别小看羚羊，羚羊有着修长的腿和轻盈的身体，这使得它们可以在地面上快速移动。它们的蹄子也很灵活，可以适应沙漠、草地、岩石等不同环境。

　　羚羊有着极好的听觉和视觉，即使在数千米以外，也能感觉到天敌的存在。更重要的是，它们跑起来可快了，可以在一小时内跑90多千米，还能连续跑几个小时！

　　浑身长满斑点的猎豹在非洲草原上穿梭着。它有一身金色的毛发，上面有许多黑色的圆点，非常美丽。猎豹的耳朵又短又圆，十分可爱。它的眼睛黑亮有神，总是透着几分机敏。

　　猎豹有着长长的腿和格外修长的身体，这与其他所有猫科动物相比都是独一份的。长长的尾巴可以在奔跑和撕咬猎物时帮助猎豹保持身体的平衡。在捕猎时，前后摆动的尾巴不断适应着猎豹的运动状态，让它能在高速追逐期间突然急转弯。

猎豹的体形瘦长，呈流线型，速度极快。呀，小朋友们瞧，它一溜烟儿就不见了！猎豹的速度多么惊人呀，它的时速竟然能达到 112 千米！

知识小卡片

虽然猎豹的速度极快，但它们无法长时间保持高速追逐。由于耐力不足以长时间保持最大速度，因此猎豹必须在 30 秒或更短的时间内捕捉到猎物。

猎豹很爱睡觉，在一天中最热的时候，它们很少活动，而是更喜欢在阴凉的地方呼呼大睡。猎豹在早晨和傍晚最为活跃，从来不在夜晚进行捕猎。

　　生活在水中的动物，也不乏速度快的选手。如果举行动物游泳比赛，旗鱼可以当冠军。

　　旗鱼的体形很大，长2~5米，周身布满细密的鳞片。鱼身总体呈青褐色，点缀着灰白色的圆斑。旗鱼的嘴巴像是一把锋利的长剑，尤为引人注目。它的背上有带着黑色斑点的脊鳍，远远看去就像是一面飘扬着的旗帜，旗鱼的名字也由此而来。

旗鱼外形有点扁，呈流线型，肌肉很发达。生性凶猛的它，游起泳来飞快，是海洋中游速最快的鱼类之一。

快看，旗鱼在短短的 3 秒钟内，就游出了 91 米！它身上的脊鳍就像一面高高扬起的旗帜，仿佛在宣告胜利的喜悦。

知识小卡片

旗鱼为什么可以游得这么快？其实这跟它的身体结构有关。

旗鱼游泳的时候，会把高高的背鳍收起来减少阻力。它长长尖尖宛如长剑般的嘴部可以迅速地将水流向两边分开；它不断摆动尾柄尾鳍，从而产生前进的推力，就像航船的推进器那样动力十足。加之流线型的身躯、发达的肌肉、巨大的摆动力，使得旗鱼能像离弦的箭那样飞速前进。

说起速度快，在天空中翱翔的动物，也不甘示弱。

灰头信天翁展开翅膀，悠闲地在空中盘旋。信天翁是大型海鸟，翅膀长而有力，羽翼边缘是黑色的，为它平添了几分高贵优雅的气质。它的嘴巴十分坚硬，由许多角质片覆盖，末端就像一个向下弯的小钩子一样，是猎食的有力武器。

信天翁的躯干粗壮结实，尾巴很短，有利于其飞行。灰头信天翁的飞行速度极快，轻轻松松就能达到每小时127千米！

它还非常聪明，会利用气流帮助自己飞行，甚至能几个小时都不动一下翅膀，这正是它们可以长时间飞行的秘籍。有记录显示，灰头信天翁可以在12天完成5000千米的旅程。它们的一生都在空中或海面，甚至能在海面上睡觉，只有在繁殖期才会到陆地上。

谁是最快的?

　　"信天翁"的名字最初是从葡萄牙语发展而来的。起初信天翁并不是特指某一种海鸟,而是所有大型海鸟的统称。

　　大部分的信天翁分布于南半球，它们在岸上的时候常常表现得十分温顺。因此，许多人把它们叫作"呆鸥"或"笨鸟"。

　　信天翁是最善于滑翔的鸟类之一，被誉为"滑翔机"。它们在有风的时候，能够在空中长时间停留而无须扇动翅膀。它们在起飞时，需要逆着风，有时候，它们还要助跑一段距离，或者从悬崖边缘起飞。

要是没有风的帮助，身体较为笨重的信天翁就很难飞向空中了。这个时候，它们往往会选择漂浮在水面上。信天翁能喝海水，通常以鱼类为食。遇到海船的时候，它们会很兴奋，因为信天翁会跟随海船，想办法吃船上的剩食，它们并不怕人，碰到人也不会逃跑。

知识小卡片

同样善于滑翔的鸟类，还有秃鹰。

秃鹰浑身呈黑褐色，是一种大型猛禽，它张开翅膀之后翼展有2米多长！它们常常会出现在荒山野岭的上空，一对翅膀伸展成直线，很少摆动，用"滑翔"的方式悠闲地飞行。

秃鹰的嘴巴带钩，十分坚硬，可以轻而易举地啄破和撕开猎物的皮。它们常常单独活动，主要栖息于低山丘陵、高山荒原与森林中。

游隼也是著名的"飞行高手"。游隼的翅膀长而尖，眼周有一圈黄色，脸上有一条明显的垂直向下的黑色纹路，上身是蓝灰色的，尾巴点缀着许多黑色的横带，帅气可爱，很好辨认。

游隼平时飞行得并不快，时速只有50~100千米，但它是俯冲最快的鸟类，俯冲时速最快可超过300千米。

游隼喜欢单独活动，也喜欢在空中翱翔。它的性情十分凶猛，即使是面对比自己体形大很多的金雕、矛隼、鵟等，游隼也敢于进行攻击，是英勇无畏的高空战士。

知识小卡片

游隼有着很广的分布范围。在人类文明出现之前，它们就已经征服了除南极洲以外的所有大陆。

为了适应高速飞行，游隼的身体也进化出了与之相适应的部分。比如，在飞行时它能够竖起背脊羽毛，以调整气流分离；它有一层眼睑，能够在飞行时保护眼球；它的眼泪异常黏稠，可以避免快速飞行时蒸发。此外，游隼在鼻外还有一个小锥体，可以使气流顺畅进入鼻腔到达体内。

65

看，了不起的动物朋友们

　　小朋友们见过游隼捕猎时的英勇姿态吗？让我们一起来看看吧！

　　首先，游隼会在开阔的空中飞翔寻找猎物，一旦锁定目标，便快速升上高空，占领有利的制高点，然后折起双翼，把头缩到肩部，紧接着以近似垂直的角度从高空俯冲而下。靠近猎物时，游隼会微张双翼，利用高速俯冲的冲击力和如匕首一般尖锐锋利的脚爪攻击猎物，让猎物受伤或者一击毙命，整个过程非常迅速果决！最后，游隼会把猎物带到隐蔽的地方，开始享用美食。

　　在这个世界上，说不定还有速度更快的动物，还没被人们发现呢！小朋友，你跑得有多快呢？让我们一起练习跑步，和动物世界中的高手比一比吧！

知识小卡片

　　游隼的飞行本领可不是天生就会的。雏鸟羽毛日渐丰满，就会离开原来的巢穴，不过它们不会立刻远走高飞，而是会跟着父母学习快速飞行和捕猎的本领。在受训了一段时间之后，雏鸟渐渐掌握了必要的生存技能。这时，它才会彻底和父母告别，开启独自谋生的旅程。

谁住在最深的地方？

地球上，有许多很深的地方，例如马里亚纳海沟。这条海沟在菲律宾东北方向的太平洋底，有 10000 多米深。2020 年 11 月 10 日，我国的"奋斗者"号载人潜水艇成功到达海沟底部，此时距离水平面已有 10909 米的距离。

在马里亚纳海沟底部，水压很高，并且十分黑暗。这里的温度和含氧量都很低，食物资源匮乏，被认为是世界上环境最恶劣的区域之一，但在这里我们仍能看到一些生物的身影。

　　除了马里亚纳海沟外，地球上还有很多深邃的地方，有许多动物生活在那里。那么，谁住在最深的地方呢？让我们一起来看看吧！

知识小卡片

　　海沟是如何形成的呢？地球分为六大板块，它们分别是太平洋板块、欧亚板块、非洲板块、美洲板块、印澳板块和南极板块。这些板块在不断运动着，有的会相互挤压，也就是我们常说的相向运动，有的会相互拉扯，也就是我们常说的相离运动。由于大洋板块比大陆板块位置低一些，因此在它们相向运动时，大洋板块俯冲到大陆板块下面，就形成了海沟。

在墨西哥，有一种喜欢挖洞的锥尾鹦鹉。

锥尾鹦鹉很活泼，有着鲜艳而多彩的羽毛和善于抓握的脚趾，在潮湿的森林和热带稀树草原，人们都能见到它们的身影。

锥尾鹦鹉是名副其实的"话痨"，常常几十只聚集在一起，叽叽喳喳"说"个不停。尽管飞行高度较高，但叫声吵闹，很容易被人注意到。不过，它们也十分懂得隐藏自己，每天清晨便离开栖息的树木，直到傍晚才回到家中，大大降低了被发现的概率。

锥尾鹦鹉不大挑食，无论是水果、昆虫还是坚果、植物，都是它们的美食。锥尾鹦鹉有一个向下弯曲的坚实有力的喙，便于它们啄碎果壳和种子。

知识小卡片

墨西哥是拉丁美洲的第三大国，国土面积位于世界第十四位。在这里曾经居住着许多印第安人，因此这里也是印第安人的古文化中心之一。

这里有一个很独特的习俗。由于墨西哥盛产葡萄，当地人会吃"许愿葡萄"来迎接新年。新年的钟声每敲响一下，人们就会吃下一粒许愿葡萄，祈求在新的一年里平安健康。

每年的十月至第二年的一月是锥尾鹦鹉筑巢的时期，它们能够在深达 4 米的岩洞内建造巢穴呢！

71

在非洲的沙漠里，一只野猪在挖洞。相比家猪，野猪的脸部更长，吻部更尖，面部有花白的鬃毛。野猪的背部有着像针一样刚硬且稀疏的毛，整体的毛色呈深褐色或者黑色。

野猪有极好的适应环境的能力，不仅在干旱的非洲沙漠，在热带雨林、温带林地等地方都有它们的身影。野猪大多喜欢结伴而行，每个族群中大概有6~20只野猪。它们是杂食性动物，主要以草根、浆果等植物为食，有时也吃一些动物性食物。

瞧！这只野猪经过不懈努力，挖出了一个10多米深的洞，它打算住在里面。

知识小卡片

　　穴居动物是指在洞穴里生活的动物,它们有的是陆生动物,有的是水生动物。它们的祖先从海洋、陆地、淡水等环境中离开,移居到洞穴中居住,逐渐适应了洞穴的环境。穴居动物大多都不喜欢运动,它们的视力一般都不太好,其他感官却十分灵敏。为了躲避食肉动物的攻击,它们天生便具有出色的挖洞能力。穴居动物的挖洞行为也促进了有机物质的再循环,正是通过它们的辛勤挖洞,土壤才逐渐变得肥沃。

浩瀚的海洋里也生活着许多动物。由于光的照射是有限的，所以越深的海域里光照越少。在海面以下 1000 米左右，已经彻底没有光线了。所有的一切都被黑暗笼罩着，许多海洋生物甚至没有眼睛，只能通过其他感官了解周围的一切。住在海底的海洋生物为了适应这样的生活环境，进化出了不同的"秘密武器"。

　　比如在深不见底的海洋深处，许多海洋生物可以自己产生光亮，并以此来诱捕食物。还有许多海底生物由于长年得不到光照，外表变成透明的，这样不容易被发现，常常能躲过捕食者。

知识小卡片

　　海水为什么是咸的呢？这是因为海水中有大量的盐分，这些盐的主要成分是氯化钠，还有少量的氯化镁、硫酸钾和碳酸钙等。

　　海水中之所以有这样多的盐分，是由于雨水的冲刷将陆地上的泥土冲入海水中，在这些泥土中有许多钠元素，与水中的氯相结合，就形成了氯化钠，也就是我们所说的盐。有趣的是，这些氯化钠并不会蒸发掉，而水却会蒸发，因此海水中的氯化钠浓度越来越高，海水就变得咸咸的了。

在深达约 900 米的海域，生活着"吸血鬼鱿鱼"。它们还有另一个名字——幽灵蛸。

别害怕，吸血鬼鱿鱼并不会吸血。它有着宝石般的眼睛，黑斗篷般的触手，只是跟传说中的吸血鬼长得有点像，所以被称为"吸血鬼鱿鱼"。

吸血鬼鱿鱼的眼睛很大。一只吸血鬼鱿鱼只有 15 厘米左右的长度，但它球形的眼睛却有一只大狗的眼睛那么大。吸血鬼鱿鱼的身上长着两个大大的鳍，远远看去像两只耳朵一样，十分滑稽。它们的身体覆盖着一层好像果冻一样的凝胶质，与普通的鱿鱼不同，它们并没有墨囊，但在腕上长了一排像钉子一样的硬刺，这也是"吸血鬼鱿鱼"名字的由来。

在遇到危险的时候，它们便将腕全部翻起来，这样腕上的硬刺就直直地朝向外面，形成一张保护网。

知识小卡片

吸血鬼鱿鱼的身体上覆盖着发光器官，可以随心所欲地发出或熄灭光芒。

吸血鬼鱿鱼为什么会发出光芒呢？这其实是它的保命技能。当吸血鬼鱿鱼察觉到危险的时候，它会立即发光迷惑天敌，随后迅速跑掉。当它们停止发光的时候，就完全隐藏在黑暗中了。

咦，在伸手不见五指的深海，怎么有东西在发光？原来是头上长"灯笼"的深海鮟鱇鱼。

鮟鱇鱼的外形非常奇特，它的身体呈圆锥形，有大大的头和扁扁的嘴，在嘴的边缘有一排十分锋利的牙齿。

它生活在深 1500 多米的海里。鮟鱇鱼的头上有个像钓竿一样的背鳍向前伸出，在其末端有个闪闪发光的瘤状突起。这个突起像小灯笼一样，能发出微弱的光芒。

"小灯笼"能够发光是因为其特殊的结构。"小灯笼"的内部有两种共生的弧菌，这种弧菌能够发出亮光。

在深海中，许多鱼都很喜欢光芒，因此鮟鱇鱼头上的"小灯笼"就成了它诱捕食物的利器。看！张开血盆大口的深海鮟鱇鱼能吞下比自己还大的食物呢！

知识小卡片

趋光性，是动物的一种习性，指它们喜欢向光主动靠近的一种习性。这种习性是在长期的自然选择中进化出来的，也是动物应激性的一种。

植物和动物都具有趋光性。植物界中，具有叶绿体的能够游走的植物常常具有趋光性，这种性质可以帮助植物获得更多的阳光，便于它们生长。动物的趋光性则是通过感受器或眼睛来实现的。

在深达 2000 米的海域，有一种脑袋大、身躯犹如大蝌蚪的哺乳动物——抹香鲸。抹香鲸是体形最大的齿鲸，它们的头部巨大，可以占到整个身体的 1/3。

抹香鲸拥有极强的潜水能力，是潜水时间最长、潜水深度最深的哺乳动物。虽然它们在海中生活，但是抹香鲸是用肺来呼吸的。

抹香鲸的分布范围很广，几乎在所有海域都有它们的身影。抹香鲸常常几十头结伴而行，有时候甚至能形成两三百头的大群。它们身形笨拙，却是游泳好手呢！抹香鲸的游泳速度很快，可以达到每小时十几千米。

知识小卡片

　　大多数哺乳动物全身长满毛发，体温保持不变，而且往往是胎生的。由于哺乳动物幼年时期大多需要吮吸母亲的乳汁才能长大，因此得名哺乳动物。

　　哺乳动物的生活方式多种多样，有的在陆地上自由奔跑，有的在水中畅游，还有的在天空中翱翔。它们有的是食肉动物，有的则是食草动物。

再往下，依然是一片漆黑。在 3000 多米深的海域里，我们可以找到凶猛的"鬼鱼"。它就是鳐鱼，又被称作魔鬼鱼。

这种鱼是一种软骨鱼，身体呈扁平状，外形十分优雅。它们的胸鳍看起来像一对大翅膀，在水中摆动着，非常漂亮。

鳐鱼有突出的圆圆的眼睛，它们的嘴巴长在腹部，牙齿又大又尖，十分吓人！这些牙齿能够磨碎很硬的东西。

除了锋利的牙齿外，鳐鱼还有另一个撒手锏。在鳐鱼的背部有一根带有剧毒的红刺，人如果不小心被刺到，很可能会死亡。

值得一提的是，这种鱼在一亿多年前曾是鲨鱼的同类。为了适应海底生活，它们常常将自己埋在海底的沙子中，后来，渐渐进化成了现在的模样。

知识小卡片

　　鲨鱼是一种十分凶猛的生物，它们的身体呈长纺锤形。大多数鲨鱼有坚韧的皮肤，呈暗灰色。

　　与一般生活在海里的鱼不同，鲨鱼没有鱼鳔，因此它们需要不停地游动，以免沉到水底。绝大多数鲨鱼都是小型鱼类，但也有巨型鲨鱼，比如鲸鲨，它们能够长到 20 米长，体重可达 12.5 吨。

　　在 7000 多米深的海洋中，躺着大大小小的棘皮动物——海星。海星是棘皮动物中最具有代表性的一类。它们的身体呈扁平状，长得像天上的小星星。

　　海星伸展着腕足，能向任何方向爬行，在海底尽情地舞蹈。这些腕足也是它们捕食时强有力的武器。低等海星会吃从腕沟进入口的食物颗粒。高等海星的胃则能够向外翻，使得食物在体外进行消化。

　　海星的呼吸方式也十分奇特，不同于一般生物用肺、鳃呼吸，海星是通过皮肤进行呼吸的。海星的繁殖方式也与众不同，有一些海星可以进行无性分裂生殖，十分神奇。

知识小卡片
　　棘皮动物是无脊椎动物的一种，它们在无脊椎动物中算是进化较为完全的一类。大多数棘皮动物选择在海底生活，匍匐在海底，但也有少数棘皮动物采用浮游生活的方式。它们的分布范围也很广，从浅海到数千米深的深海都有分布。棘皮动物已经在地球上生活了很多年，有研究表明，早在古生代时期它们就已经在地球上繁衍生息了。

谁住在最深的地方？

85

10000 多米深的海域，是谁的家呢？看，这里有海参的踪迹。它的嘴长在身体的一端，喜欢生活在海底的泥地上，随着海流摇摆身体。

当敌人靠近时，海参会突然喷出自己的内脏，并趁机逃跑。别担心，再过一段时间，它的内脏会重新长出来。

　　"奋斗者"号载人潜水艇深入马里亚纳海沟的时候，就发现了海参。

　　10000多米的深海中有巨大的压强，每平方厘米的海底都有约1吨的压力。然而在这样恶劣的环境下，海参却怡然自得地生活着，可以说，海参是生命力十分顽强的生物了。

> **知识小卡片**
>
> 　　海参是一种无脊椎动物，仅在我国就有140多种，主要分布在温带和热带海域。海参在各类海味中位尊"八珍"之首。
>
> 　　经过科学研究，人们发现海参含有丰富的氨基酸、维生素等50多种人体所需的营养成分。

看，了不起的动物朋友们

奋斗者

　　"奋斗者"号载人潜水艇在探索马里亚纳海沟的时候，除了海参，还发现了许多奇特的生物。

　　比如狮子鱼，这种鱼因为头型很像狮子，因此得名。瞧，它昂着"狮子头"，好像海底世界的霸主一般。

　　除此之外，人们还发现了短角双眼钩虾，看起来也十分有趣。

　　小朋友，地球如此之大，你还能找出住在更深的地方的动物吗？

谁住在最高的地方？

8米高的橡树上，有啄木鸟的家。啄木鸟栖息在橡树的树洞中。树洞既可以是天然形成的，也可以是啄木鸟自己挖的，总之一定刚好符合它们的身形大小。

啄木鸟会在树洞中铺上树叶、干草、羽毛，让这里成为自己的一处柔软而温暖的避风港。

知识小卡片

啄木鸟是森林里的医生，它长着长长尖尖的坚硬嘴巴，拥有又长又细的舌头，专门消灭那些害大树生病的蛀虫，是"捉虫小能手"！长而坚硬的嘴巴是啄木鸟的"手术刀"，可以轻而易举地将树木啄出一个洞，挑出藏在里面的虫子吃掉。

每到捕食的时候，啄木鸟就从巢穴里飞出来，找到一棵树皮下有害虫的树，爪子紧紧抓住树干，开始飞快地用尖嘴凿击，不一会儿就抓到了肥肥的虫子。

啄木鸟每天要敲击树木这么多次，速度还这么快，不会感觉到头晕吗？

其实，啄木鸟有秘密武器，它的头上有多层防震装置。它的头骨结构疏松，充满了空气，头骨内部还有一层坚韧的外脑膜，里面包含着能够减震的液体。这些都能很好地保护它的大脑。

在墨西哥的森林里，总能听到猴子嘹亮高昂的叫声。猴子有发达的大脑，圆溜溜的眼睛，灵活的手臂。它们住在30多米高的大树上，整日悠闲地荡着秋千。

看，猴子的脸扁扁的，大眼睛机灵地打转，别提有多可爱了！它们浑身遍布细密的绒毛，可以保暖避雨，保护皮肤。猴子还有一条长长的尾巴，当它们在树枝间攀爬跳跃的时候尾巴可以帮助自己保持平衡。

知识小卡片

猴子作为灵长类动物，面部特征和人类十分相似，但猴子拥有夜视眼，这是它们在进化中获得的一项特殊本领。看，它们的眼睛在脸部的占比可比人类的大得多呢！大多数人类虽然在晚上能看见东西，但是通常看不清楚，还有的甚至有夜盲症。而因为长期生活在野外，猴子常常需要在夜间活动。夜晚环境黑暗，为了能看清东西，猴子需要有一双可以聚集更多光线的大眼睛。

猴子的双臂结实有力，可以在树木之间自由穿梭，而不必担心会摔下来。它们的手指也十分灵活，甚至可以帮助同伴清除毛发间的虱子呢！

北美洲的落基山脉，被称为北美洲的"脊骨"。巍峨的落基山脉绵延起伏，自北向南，有数千千米之长。

一路上，我们能见到常年积雪的山川，幽深宁静的湖泊，高耸入云的山峰，多么美丽又壮观的风景呀！

知识小卡片

　　落基山脉是北美大陆重要的气候分界线。落基山脉气候宜人，这里夏季温暖干燥，冬季寒冷湿润，还是北美许多条大河的发源地，有着丰富的植物资源和动物资源。我们在这儿能够找到白杨树、黄松、云杉、道格拉斯黄杉、帐篷松、落叶松等植物的身影，能见到灰熊、棕熊、美洲山狮和花鼠等动物的踪迹。

　　地球的陆地表面有各种各样的地形。通常，我们可以将地球陆地表面的地形分为平原、丘陵、山地、高原和盆地五种基本类型。

　　其中，山地是指海拔在 500 米以上，起伏很大，坡度陡峻的地表形态。通常情况下，山地呈一定走向的脉状分布，会被称为"山脉"。比如，我国南北方的分界线为"秦岭－淮河"一线，"秦岭"就是一条东西走向的著名山脉。

在落基山脉，大部分山的海拔为 2000~3000 米，有的甚至超过 4000 米。

"咔嚓咔嚓！"瞧，有一群怪模怪样的虫子正趴在草丛里愉快地啃树叶吃。它们浑身被绿色的"盔甲"包裹着，四肢细而长，还有长长的触须，原来是蝗虫！

蝗虫有坚硬的外骨骼,头上长着触角,口器里有带齿的大颚。蝗虫主要以植物叶片为食物,它们锋利的口器可以将植物的叶子、嫩茎、花蕾和嫩果等咬出缺口或孔洞,"蝗虫过境,寸草不生"描述的就是它们进食时的场景。

知识小卡片

蝗虫是一种危害性很大的昆虫,在世界范围内,蝗虫的种类超过了 10000 种。在全世界的热带、温带的草地和沙漠地区,都能找到蝗虫的身影。

蝗虫总是喜欢成群结队地活动,据统计,一个蝗虫群体的数量最多可以达到 100 亿只。凡是它们经过的地方,庄稼都会遭到破坏,从而给人们造成巨大的经济损失,因此蝗虫也被称为农作物的大敌。

　　埃塞俄比亚高原被称为"非洲屋脊"。它的平均海拔在 2500~3000 米。宏伟壮丽的高原上，耸立着一座座海拔超过 4000 米的火山山峰，这是非洲地势最高的地方。猜猜看，谁会生活在这里呢？

　　蓝翅雁就分布在埃塞俄比亚高原。这是一种长着灰蓝色羽毛的鸟儿，它们身长 60~75 厘米，头和上颈部是灰棕色的，而翅膀则是漂亮的蓝色，十分特别。

　　它们会在海拔 1800 米左右的沼泽地安家，在水边寻找食物。蓝翅雁是杂食性鸟类，主要吃草、种子以及各种水生植物、软体动物和鱼类，食谱非常丰富。

看，蓝翅雁扑腾着翅膀，正要飞到水边觅食呢!

知识小卡片

　　蓝翅雁是仅生活在非洲埃塞俄比亚高原的一种鸟，常栖息于河流、淡水湖泊、沼泽、草地间。

埃塞俄比亚高原上，除了美丽的蓝翅雁，还生活着"登山健将"——埃塞俄比亚山羊。

埃塞俄比亚山羊被称为"栖居位置最高的哺乳动物"之一，因为它们总是栖息在海拔3500~6000米的高原裸岩和山腰碎石嶙峋的地带，即使在寒冷的冬天，它们也不想迁移到很低的地方。

埃塞俄比亚山羊之所以能够生活在海拔这么高的地方，主要归功于它们坚实的蹄子和富有弹性的蹄缘。它们的蹄缘对山石有着强大的抓附力，可以让它们在陡峭的岩石上如履平地。

知识小卡片

　　埃塞俄比亚山羊喜欢成群活动，一般是 4~10 只聚集在一起生活，也有一些较大的群体，成员可达数十只甚至百余只。

　　群体中，往往是身强力壮的雄性担任首领。埃塞俄比亚山羊觅食时，会留下几只雌性站在离群体不远的巨石上放哨。一旦有异常情况，它们便会立即爬上悬崖峭壁，甩掉想要捕食它们的"敌人"。

　　有时候，即使是有着"爬山能手"称号的雪豹，也拿它们没有办法。

在亚洲中部的山区，有一座又一座海拔在 5000 米以上的高山，山上覆盖着茫茫的白雪。这里是谁的家呢？

雪豹悄悄地出现了。雪豹善于跳跃，行动敏捷，是捕食的高手。它们的皮毛蓬松，全身呈灰白色，上面布满黑斑。瞧，头部的黑斑最为密集和细小，越往体后黑斑越大。为了保暖，它们的掌垫和趾间也被毛发覆盖。

雪豹喜欢住在干燥、凉爽、岩石遍布的陡峭山区，因此它们经常在永久冰雪高山裸岩及寒漠带的环境中活动。由于雪豹所处环境的猎物密度很低，为了猎食，雪豹常常会划定一个面积非常大的领地范围。它们在捕猎的时候往往要走出去很远，常按一定的路线绕行于一个地区，每天可以行走 10~12 千米，最多甚至可达 28 千米。

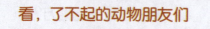

　　会飞的鸟儿们，也喜欢在高处筑巢。在乌鸦家族中，有这样一位成员，它全身长满了黑色的羽毛，羽毛在阳光的照射下还会泛着绿色的金属光泽，这种情况在它的两个翅膀和尾巴上最为明显。它的身形较为纤细，喙短而下弯，呈亮眼的黄色，而它的脚是红色的，非常吸睛。没错，它的名字就叫作黄嘴山鸦。

　　黄嘴山鸦是典型的高山和高原鸟类，在平均海拔高达7000 米的喜马拉雅山脉中，我们可以找到黄嘴山鸦的身影。它们常常成群活动，尤其喜欢聚在一起找吃的。

　　珠穆朗玛峰，海拔超过 8800 米，是喜马拉雅山脉的主峰，也是世界最高峰。它的主要部分坐落于中国和尼泊尔边界线上，北坡在中国境内，南坡在尼泊尔境内。

　　珠穆朗玛峰位于喜马拉雅山的中段，远远望去，它的山体就像一个巨型的金字塔。这里海拔很高，地形险峻，空气稀薄，气候极端，再加上常年被冰雪覆盖，生存环境十分恶劣。在珠穆朗玛峰，我们很少能够见到生物的踪迹。

知识小卡片

珠穆朗玛峰是如何形成的?

　　珠穆朗玛峰所在的喜马拉雅山地区原来是一片浩瀚的海洋，在漫长的地质年代，大量的碎石和泥沙从陆地冲刷而来，堆积在喜马拉雅山地区，形成了厚达 3 万米的海相沉积岩层。

　　之后，由于地壳挤压和地质运动，具体来说就是印度洋板块与亚欧板块不断相互碰撞挤压，喜马拉雅山地区就被挤了出来并猛烈抬升。久而久之，那里的岩石被越挤越高，最终形成了现在的珠穆朗玛峰。

在不适合动植物生存的珠穆朗玛峰，也有顽强的生命存在。

看，成群结队的蓑羽鹤像断了线的风筝，勇敢地飞越珠穆朗玛峰。蓑羽鹤是鹤家族里的小个子，它的眼睛后面长着一撮白色耳簇羽，颇为醒目，让人们轻而易举地就能辨认出它的身份。蓑羽鹤通体的羽毛是蓝灰色的，眼部、头侧、喉咙和前颈部位的羽毛则是黑色的，需要细细观察才能发现。

它们主要栖息于开阔的平原地区的草地、沼泽、芦苇塘、湖泊、河谷、半荒漠和高原湖泊草甸等各种环境中，有时也到农田里活动。到了秋季，蓑羽鹤结伴飞越珠穆朗玛峰，迁徙至更温暖的印度，度过漫长的冬季。

　　蓑羽鹤常常和家族成员们一起活动，在水边浅水处或水域附近地势较高的草甸上，它们总是扎堆出现。蓑羽鹤的性格胆小而机警，不仅会主动避开人类，而且也不愿意与其他鹤群在一起。

　　哇，据说黑白兀鹫能够在万米高空翱翔。小朋友们，你们知道这是一种什么样的鸟吗？黑白兀鹫是一种大型非洲秃鹫，有宽大的翅膀，短方形的尾巴。黑白兀鹫的头部没有毛发，长长的脖子可以折叠并卷入其身体。

黑白兀鹫是人类已知的飞得最高的巨型鸟类，它们生活在非洲的中南部，能够借助地面的热气流，上升至6000米左右的高空。曾经有一架在11000米高空飞行的飞机竟然撞上了一只黑白兀鹫，这可刷新了黑白兀鹫的飞行高度纪录！

黑白兀鹫是社交的一把好手，它们会组成大群生活，聚在一起繁殖、筑巢和觅食。在大多数情况下，黑白兀鹫是一种很安静的鸟儿，但在进食或筑巢时，它们也会发出声音交流。

知识小卡片

黑白兀鹫喜欢的食物有一些特殊，以腐肉为主。黑白兀鹫通常会吃各种有蹄动物的尸体，偶尔也会在靠近人类生活区时吃一些人类养殖的牲畜。它们有着大而坚硬的嘴巴，可以轻易地撕裂皮肉和骨骼，舌头上还有向后倒的刺，可以从骨上剔下碎肉。

谁是我的朋友？

　　在大森林里，居住着许多动物。它们有的喜欢单打独斗，做一个酷酷的独行侠。有的则喜欢群居生活，感受着家庭带来的温暖。

　　动物之间的友谊不仅存在于同类之间，不同种类的动物也能成为很好的朋友。在森林里，这些好朋友们互帮互助，一起快乐地生活着。

　　瞧！它们玩得多开心呀！在这些动物中，谁和谁是好朋友呢？它们彼此之间又是如何互相帮助的呢？让我们一起来看看吧！

知识小卡片

共生关系是生物和生物之间的互利关系。这种关系普遍存在于动物、植物、菌类之间。

在共生关系中，一方在给另一方提供生存帮助的同时，也会获得对方的帮助。有共生关系的两种生物之间有着很强的依赖性，它们对彼此有利。如果彼此分开，则双方或者其中一方将无法生存。

共生关系是物种自然选择的本能行为。这些共生生物彼此之间并不是扮演一起工作、生活的角色，相反，大多数生物并不知道自己正在帮助另一种生物，也就是说，它们只是选择了最有利于自己的生存方式。

　　这一天，阳光正好，牙签鸟起了个大早。看着眼前的好景色，它扑腾着翅膀，来河边找鳄鱼玩。

　　"鳄鱼鳄鱼，你在家吗？"牙签鸟说道。

　　"我在。"鳄鱼瓮声瓮气地说。

　　不一会儿，鳄鱼从水中游到了岸边，牙签鸟飞到了它的旁边。

　　"你怎么啦？看起来无精打采的。"牙签鸟关切地询问道。

　　"我的牙齿好不舒服，昨天吃过饭后就一直难受。"鳄鱼哼哼道。

这是怎么回事呢？牙签鸟想了想，问道："你能张开嘴让我看一看吗？"

鳄鱼乖巧地张开了嘴，牙签鸟探过头去，发现鳄鱼的牙齿间有许多食物残渣。

"应该是这些食物残渣导致的牙痛。"牙签鸟说道。

知识小卡片

牙签鸟，学名埃及鸻，是一种十分漂亮的小鸟。体长大约22厘米，重90克左右。它们有黑、白、灰、浅黄四种颜色的羽毛，翅膀大多是灰蓝色的，头部有白色的带状羽毛，眼睛周围有一块面积很大的黑三角，远远望去醒目极了！

牙签鸟喜欢成群结队地生活，大多栖息在湿地、河流沿岸地区。

　　鳄鱼张着嘴巴，含糊不清地说："牙签鸟，你能帮我清理牙齿吗？"

　　牙签鸟点点头，笑着说："没问题，我来帮你清理一下！"

　　说完，牙签鸟用嘴啄起了鳄鱼牙齿之间的食物残渣。

牙签鸟啄了一下又一下，想将鳄鱼牙齿间的食物残渣清理干净，却不小心啄到了鳄鱼的肉。

"哎呀！牙签鸟，你怎么搞的？好疼啊！"鳄鱼生气地喊。

"鳄鱼，别嚷嚷！你要是想把牙齿弄干净，就得忍一忍！"牙签鸟也恼火地说。

"本来牙齿就不舒服，你这样啄得我更不舒服了！"鳄鱼生气地说道。

"明明是你让我帮你啄干净的，现在又嫌我啄痛你，你怎么不讲道理！"牙签鸟也急了，叽叽喳喳地说道。

知识小卡片

鳄鱼是一种十分凶猛的爬行动物，在地球上已经生活了很长时间。早在两亿多年前，鳄鱼就已经和恐龙一起生活在地球上了，鳄鱼也成了迄今为止还在地球上生存的最古老的动物之一。

鳄鱼有极强的生存能力，平日里喜欢在湖泊沼泽的滩地里或潮湿地带生活。它们有极其灵敏的视觉、听觉，身体的各个部位也都十分灵活。

　　蚂蚁看到了这一幕，抬起头对鳄鱼和牙签鸟说："好朋友之间要好好相处！就像我和蚜虫一样，我们是最好的朋友！"

　　"是的是的，我和蚂蚁是最好的朋友。蚂蚁经常保护我，使我不受瓢虫、寄生蜂等天敌的侵害。"蚜虫点点头，愉快地说道。

　　"哪里哪里，我也受到你的照顾。你每天都会将许多植物汁液中的糖分提取出来给我喝呢！"蚂蚁挠挠头，不好意思地说道。

　　"所以好朋友之间应该互相帮助、互相理解，而不是彼此争执，损伤友情。"蚜虫语重心长地说道。

知识小卡片

　　蚜虫又叫作腻虫、蜜虫，是一种植食性昆虫，在北半球的温带地区和亚热带地区常能见到它们的身影。别看它们小小个头，却是地球上最具破坏力的害虫之一。它们喜欢吃果实、根茎里的汁液等，会大肆破坏农林和花草。

　　蚜虫早在两亿多年前就已经出现，蚜虫一生下来就具有生育功能，它们的繁殖速度很快，一年能够繁殖10~30代。

　　外形上，有的蚜虫有一双小小的眼睛和一对小小的翅膀，有的蚜虫则没有眼睛和翅膀。它们体形很小，最大的也不超过5毫米。

听了蚂蚁和蚜虫的话，牙签鸟和鳄鱼都不以为然。

"它才不了解我的辛苦呢！它的嘴巴又大又臭，我清理的时候真的好累啊。"牙签鸟抱怨道。

"又不是完全只利于我，你在清理的时候不也吃这些食物残渣吗？"鳄鱼也不服气，气鼓鼓地反驳道。

120

蚂蚁和蚜虫你看看我，我看看你，谁也不知道该怎么帮它们两个恢复关系。

"哼！我再也不要见到你，再也不要和你说话了！"牙签鸟气呼呼地飞走了。

看着牙签鸟飞走的背影，鳄鱼大喊道："不说话就不说话！我还不想再见到你呢！"

说罢，鳄鱼头也不回地游走了。

蚂蚁和蚜虫看了看彼此，无奈地摇摇头："希望它们早日解除误会，和好如初呀！"

知识小卡片

蚂蚁是一种小型的昆虫，它们有长长的触角和复眼，体色多种多样，比如白色、黑色、黄色和褐色等。工蚁一般为群体中最小的个体，但数量最多。

除了地球的两极和极寒冷的区域外，在世界上的各个角落都能见到蚂蚁的身影。在中医学中，蚂蚁被认为有活血化瘀和增强体质的功效。

　　离开了鳄鱼之后，牙签鸟感觉十分孤单。但它又不想找到鳄鱼和好。

　　"难道离开了鳄鱼，我就没朋友了？"牙签鸟不服气地说道。

　　于是，牙签鸟开始寻找新朋友。它飞呀飞，飞到了野牛的身旁。野牛正摇着尾巴，不耐烦地驱赶着身边的苍蝇。眼尖的牙签鸟看到野牛身上有许多跳蚤，正趴在野牛的后背上吸血呢！

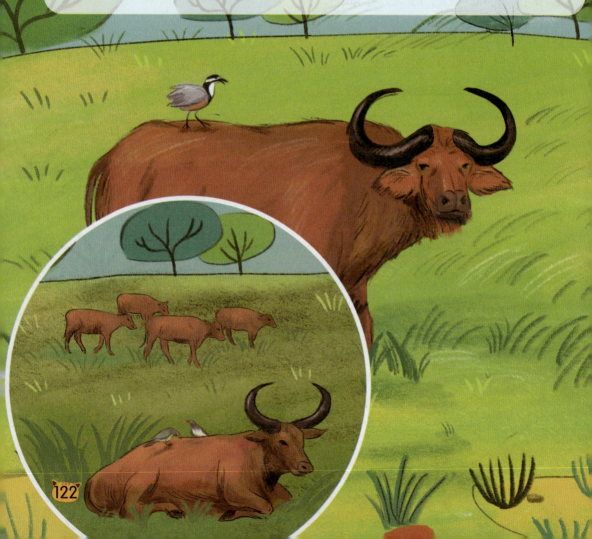

　　"野牛,你的身上有跳蚤,我来帮你抓吧!"牙签鸟说。

　　"没关系。牛椋鸟是我最好的朋友,它会来帮我抓的。"野牛甩甩尾巴说。

　　果然,一只牛椋鸟飞了过来,把野牛身上的跳蚤一个个啄食干净。

　　牙签鸟看着野牛和牛椋鸟友好相处的样子,默默飞走了。

知识小卡片

　　牛椋鸟是一种小型的鸟类,体长约20厘米,牛椋鸟的腿较短,爪子比较锋利。它们在亚热带草原、热带稀树草原和灌木丛中生活,常常栖息在食草动物身上,耐心地为这些食草动物清理身上的虱子和苍蝇。事实上,这些虱子、苍蝇恰恰是牛椋鸟的食物。由于这些食草动物被虱子、苍蝇折磨得苦不堪言,因此它们也十分喜欢牛椋鸟在自己身上觅食。

鳄鱼离开了牙签鸟，也感觉十分孤单。

没了牙签鸟在耳边叽叽喳喳，鳄鱼总感觉生活缺少了些什么。但它也不好意思再回去找牙签鸟。

"难道除了牙签鸟，我找不到别的好朋友了吗！"鳄鱼气鼓鼓地说道。

听说了鳄鱼和牙签鸟吵架的事情，海鸥飞了过来，落在附近的石头上，和鳄鱼聊起了天。

"鳄鱼，我给你讲讲我在海边寻找好朋友的故事吧！"海鸥说。

原来，海鸥前不久飞到了广阔的大海边，寻找新朋友。

当时，在沙滩上，有一只豆蟹在爬行。海鸥热情地说："豆蟹，我们来做最好的朋友吧！"

还没等豆蟹回应，旁边的扇贝生气地说："我才是豆蟹最好的朋友！"

"不好意思海鸥先生，我已经有最好的朋友了。"豆蟹小声说道。

"不好！远处有天敌来了，快跑。"豆蟹警觉地提醒着扇贝。

"不好意思海鸥先生，我们先走一步啦。"扇贝说道。

海鸥看着豆蟹和扇贝一同消失在海中，忍不住笑了起来。

知识小卡片

豆蟹是一种十分小巧的蟹类，常常与一些带壳的海洋生物共同生存。由于豆蟹体型很小，形状与小豆相似，因此称为"豆蟹"。豆蟹寄居在扇贝中时，会以扇贝的粪便为食。当强敌袭击扇贝时，豆蟹立即搅动扇贝的软体，扇贝马上就闭合贝壳，转危为安。

接着，海鸥在海面上游玩，海水十分清澈。在一次偶然的低飞时，它见到了可爱的小丑鱼。

海鸥热情地说："小丑鱼，我们来做最好的朋友吧！"

小丑鱼飞快地游到珊瑚的身旁，笑着说："不好意思，我最好的朋友是海葵！海葵能够为我提供庇护所，我也会帮它清理杂物，我们相处得很好。"

"是的！小丑鱼是我最好的朋友。它常常躲在我的保护伞中，充当诱饵，帮助我捕食。"海葵说道。

"我对海葵的毒素具有天然的免疫力，因此海葵不用担心伤害到我，我也可以安心地躲藏在它的保护伞中。"小丑鱼补充道。

知识小卡片

海葵是一种生长在水中的肉食动物，它们的外观十分美丽，远远望去，好像是水中开出的一朵朵花一样。

然而，不要被它美丽的外表蒙蔽，海葵的几十条触手上生长着特殊的刺细胞，这些细胞能够释放毒素，便于海葵捕食。

海葵的生存能力很强，在各大洋中都能发现它的身影。海葵多数生活在浅海和岩岸的水洼或石缝中，也有少数海葵的生命力十分顽强，可以在大洋的深渊里存活，甚至在10000米深的海底也可以见到它的踪迹。

　　听了小丑鱼的话，海鸥有些沮丧。海鸥扑腾着翅膀，在海面上继续游荡。

　　突然，它发现海里有一条凶猛的金枪鱼，正闪电般冲向鱼群！

　　"食物们，我来啦！"金枪鱼高兴地说。

　　金枪鱼向鱼群猛冲过去，吓得鱼群中的向导鱼四处逃窜。

　　"救命呀！鲸鲨，鲸鲨你在哪里？"向导鱼大声地呼唤着。

　　"我来了！再坚持一下！"远处传来一声大喊。

知识小卡片

　　向导鱼是一种和鲨鱼形影不离的小鱼。它们的体长在 30 厘米左右，身上的花纹十分美丽，身体两侧有黑色的纵带，背部是青色的，腹部呈白色。

　　在地中海海域里经常能见到向导鱼的身影，它们身材小巧，体态灵活，行动十分敏捷。向导鱼常常给鲨鱼的口腔打扫卫生，在遇到危险时，向导鱼也会进入鲨鱼口中避难。除鲨鱼之外，向导鱼还与鳍鱼是好朋友。

正当金枪鱼追赶向导鱼时，一只庞大的鲸鲨突然出现它的面前，挡住了金枪鱼的去路。

向导鱼见到鲸鲨，忙躲进它的嘴里，透过牙齿缝隙向外张望着。

"金枪鱼，不准欺负我最好的朋友！向导鱼常常帮助我清洁牙缝中的残屑，我也要保护向导鱼的安全。"鲸鲨说。

"是的是的，我和鲸鲨是好朋友。"向导鱼说道。

"除此之外，向导鱼还是我的向导，能够帮助我寻找食物，引导我向鱼群游去。"鲸鲨补充道。

"我也是为了自己能够吃到东西啦！鲸鲨捕食过后，那些吃剩的残渣就是我的美食。"向导鱼不好意思地说道。

知识小卡片

鲸鲨是世界上最大的鱼类，它又叫作大憨鲨、豆腐鲨等。鲸鲨的身体可以长到 20 米长。在鲸鲨的体表散布着纵横交错的淡色带和斑点，远远望去好像棋盘一般，美丽极了！

鲸鲨是大洋性鱼类，主要在热带和温带的海域里生存。浮游生物、小型鱼类都是它的盘中餐。

　　听了海鸥讲述的故事，鳄鱼不禁想起了牙签鸟，它曾经也会为鳄鱼清理食物残渣。

　　"唉！不知道牙签鸟现在怎么样了……"鳄鱼垂头丧气地想。

　　和海鸥告别之后，鳄鱼回到了河岸边。远处树梢上的身影十分熟悉，鳄鱼定睛一看，原来是牙签鸟！

　　"牙签鸟，你还好吗？"鳄鱼问道。

　　听到鳄鱼的呼唤，牙签鸟飞了下来。他们向彼此说出了心里话，化解了之前的矛盾。

　　"鳄鱼，对不起，我对你太凶了！"牙签鸟说。

　　"牙签鸟，我的态度也不好，对不起！"鳄鱼说。

　　"鳄鱼，我来帮你清理牙缝吧！"牙签鸟拍拍翅膀说。

　　"好啊，谢谢你！"鳄鱼一边张开嘴巴一边说。

　　就这样，鳄鱼和牙签鸟和好了。

　　从此，它们好好相处，成了彼此最好的朋友！

长呀长，长成什么样?

不知不觉间，春天到了，又到了万物复苏的季节。

小草悄悄地探出了头，好奇地打量着这个世界，冰川也融化了，泉水快乐地流淌着，发出悦耳的歌声。

太阳公公伸了个懒腰，懒洋洋地将热量传播给大地。

灿烂的阳光下，蝴蝶妈妈飞到了池塘边。蝴蝶妈妈一会儿飞到花朵旁，一会儿又飞到荷叶上，它努力寻找着一块适合产卵的地方。

知识小卡片

蝴蝶的翅膀很漂亮，在太阳底下闪闪发光，你知道这是为什么吗?

这是因为在蝴蝶的翅膀上有许多鳞粉。鳞粉对蝴蝶来说十分重要。它们不但能够防水，还能够起到帮助蝴蝶伪装的作用。不同的花纹和蝴蝶翅膀上的鳞粉一起，就能反射出各种绚丽的颜色，蝴蝶借此躲避敌人的攻击。

夏日炎炎，蝴蝶身上的鳞粉还能够起到降温的作用，这是因为鳞粉能够调节对阳光的吸收。然而，在蝴蝶翅膀上的粉末很容易脱落，不过这些鳞粉可以不断补充，因此我们见到的蝴蝶大多都漂漂亮亮的。

长呀长，长成什么样?

蝴蝶妈妈飞呀飞，终于在一片水草丛中找到了适合产卵的地方。

　　蝴蝶妈妈专心致志地生产着，丝毫没有感觉到有昆虫正在靠近。

　　水草下，一只水蚤愉快地游来游去。

　　"咦？好漂亮的蝴蝶。"水蚤发现了蝴蝶妈妈。

　　蝴蝶妈妈的翅膀缓慢地扇动着，在太阳的照耀下闪亮亮的，好看极了！

　　水蚤被蝴蝶妈妈漂亮的翅膀吸引住了，禁不住游了过去。水蚤距离蝴蝶妈妈越来越近，翅膀上的纹路也看得越来越清楚。

就在水蚤快要游到蝴蝶妈妈身边，准备和她打招呼的时候，蝴蝶妈妈已经产下了小巧玲珑的卵，扇动着翅膀飞走了。

"喂——等一下！"水蚤想要追上去，奈何自己没有翅膀，只能在水中行走，因此眼睁睁地看着蝴蝶妈妈越飞越远。

知识小卡片

蝴蝶卵是蝴蝶胚胎时期的形态，它是蝴蝶发育的第一个阶段。蝴蝶卵更像是一个大大的细胞，里面有许多蝴蝶生长所必需的营养物质。此外，仅有蝴蝶卵是不能够孕育出蝴蝶的，必须经过受精。蝴蝶卵的卵壳中央有一个小孔，这个孔叫作卵孔，是精子进入卵内的通道。

在很小的时候，蝴蝶就十分爱美。瞧，蝴蝶卵的颜色有白、绿、黄、橙等颜色，随着卵的不断发育，还会形成许多特定的花纹和色彩，美丽极了！

　　水蚤透过阳光，看见了蝴蝶妈妈产出的卵，它们晶莹剔透的，在阳光下闪闪发光。一颗颗卵聚集在一起，像极了正在生长的葡萄，十分诱人。

　　"水草上的卵，看起来好像很好吃！"水蚤咽着口水说。

　　水蚤想尝一尝卵的味道，于是它艰难地沿着水草向上爬。

　　然而它太笨啦，每次只爬到一半就掉了下来，跌落在水里，狼狈极了。

　　"嘎嘎——笨蛋——嘎嘎——"路过的乌鸦见到水蚤狼狈的样子，忍不住嘲笑道。

　　唉！这可怎么办呢？水蚤急得团团转。

　　水蚤想呀想，怎么都想不出好办法，只能围绕着水草转呀转，期待着卵掉下来。

　　蝴蝶妈妈在高空中看到自己的卵有危险，赶忙飞了回来。

知识小卡片

　　水蚤没有翅膀，一般生活在水中，潜伏在残枝败叶下或泥地里，它们是"变脸专家"！

　　在不同的环境中生活的水蚤，会披上不同颜色的外衣。比如栖息在黄色泥土里的水蚤是黄色的，栖息在黑暗环境中的水蚤则是黑色的。总之，根据不同的环境，水蚤会用不同的体色很好地将自己掩藏起来，在躲避天敌的同时能够等待猎物的到来，十分聪明！

"你要对我的孩子做什么？"蝴蝶妈妈紧张地说道。

蝴蝶妈妈看出了水蚤的心思，紧紧地护着卵。

"我……我只是看到卵觉得很新奇，想尝尝看是什么味道。"水蚤不好意思地说道。

"不可以哦，这些都是我的孩子，它们都是有生命的，它们以后也会长成像你这样的小虫子。"蝴蝶妈妈说道。

"原来是这样，对不起，我不该想着吃掉它们的。"水蚤道歉道。

"没关系的，水蚤，请好好保护我的卵。你也是由卵孵化而来的哦！"蝴蝶妈妈笑着说。

"没有问题，包在我身上！蝴蝶妈妈请放心，我不会伤害它们的。"水蚤点点头说。

长呀长，长成什么样？

小剧场

水蚤："蝴蝶妈妈，我是如何从卵长成现在这个样子的呢？"

蝴蝶妈妈："在最开始的时候，你的6只脚、头部和身体都蜷缩在一起，像一只小虾米一样，这一阶段叫作'前稚虫期'。前稚虫期时，背部很快就会裂开，你就是从这个裂缝中出来的，然后就开始活动自己的头和脚了。"

水蚤："听起来好神奇！蝴蝶的卵是怎样变化的呢？"

蝴蝶妈妈："那就要靠你自己观察啦！"

蝴蝶妈妈叮嘱过水蚤后，就拍拍翅膀飞走了。

水蚤为了完成蝴蝶妈妈交给它的任务，一直坚守在卵旁。有小虫靠近蝴蝶卵，水蚤就将它们赶走。有雨落下来，水蚤就托鸽子妹妹为它叼来一片叶子给蝴蝶卵遮雨。

在水蚤的悉心照料下，水草上的卵安然无恙。

不久，卵出现了新变化——卵壳上出现了一条裂缝，这可把水蚤吓了一跳。

"怎么突然裂开了？"水蚤惊呼道。

裂缝中缓缓露出一个小脑袋，它好奇地打量着外面的世界，手脚并用，挣扎着从卵壳中爬出来。

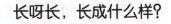

瞧，蝴蝶的卵发育成一条毛毛虫啦！见到毛毛虫，水蚤悬着的心放了下来，它兴奋地和毛毛虫打招呼："毛毛虫你好，我是水蚤。"

毛毛虫轻轻地蠕动，探着小脑袋说："水蚤，你好！"

知识小卡片

毛毛虫有很多种类，别看它身体软软的，却是个狠角色呢！有的毛毛虫是伪装高手，它们会发出类似于蛇的气味来迷惑天敌。

此外，有的毛毛虫长得像枯叶，它们藏在树叶下躲避天敌的攻击。有的毛毛虫还有剧毒，如果不小心惹怒了它们，被它们的毒液袭击，被袭击处就会像被火灼烧一般，火辣辣地痛。

毛毛虫刚来到这个世界，对一切都十分好奇。

"你是我的妈妈吗？"毛毛虫问水蚤。

"我不是你的妈妈，你的妈妈是蝴蝶，它拜托我照顾你。"水蚤说道。

毛毛虫看看自己笨拙的身体，又看看远处自由飞舞的蝴蝶，十分惊讶："可是我和蝴蝶长得一点都不像，为什么蝴蝶是我的妈妈呢？"

这可把水蚤难住了，它不知道如何回答。就在这时，毛毛虫的肚子"咕咕"叫了起来。

"你一定饿了吧，我去找些吃的给你。"水蚤说道。

渐渐地，毛毛虫和水蚤成了好朋友。

这一天，水蚤在水里蜕了皮。它激动地对毛毛虫说："看看我，我的个子变大了！"

毛毛虫啃着水草，一天天地长大。

"看看我，我的身上长出了漂亮的条纹！"

知识小卡片

在许多动物的身体表面有一层外骨骼，这层骨骼支撑保护着它们的身体。然而，外骨骼并不会随着身体的生长而生长。当这些动物的身体长到一定程度的时候，外骨骼由于缺乏弹性就会破裂开来。这时，动物们就要将原来的皮蜕掉，转而换上新的皮。这是它们新陈代谢的一部分，许多动物一生要蜕皮很多次。

有空的时候，毛毛虫和水蚤会一起看飞翔的昆虫。

夜晚降临，萤火虫在山林间自由地飞来飞去，尾部的光一闪一闪，十分梦幻。

"要是我们也能飞，该多好啊！"毛毛虫说。

"是啊！真羡慕会飞的昆虫。"水蚤说。

　　小鸽子听到了它们的对话，热心地说道："我让你们体验一下飞行的感觉。"

　　"太好啦！"毛毛虫和水蚤异口同声地欢呼道。

　　第二天一早，它们爬到了鸽子的背上，等待着自己的第一次飞行。

　　"抓稳了，我们要开始飞喽！"小鸽子说。

　　小鸽子拍拍翅膀飞上了天空，毛毛虫和水蚤看着地面离自己越来越远，欢呼起来："这就是飞翔的感觉吗？实在是太美妙了。"

知识小卡片

　　萤火虫为什么会发光呢？这是因为它们身体的特殊构造。萤火虫体内有发光的器官，由许多能够发光的细胞构成。在这些细胞中有许多荧光素和荧光素酶，这些物质与氧气发生反应，就会释放光子，让人看到亮光。不同的萤火虫的发光方式也有所不同，有的是持续发光，有的则是间歇性发光。

日子一天天地过去，毛毛虫和水蚤也一天天地长大。

这天早上，水蚤被鸟儿的鸣叫声吵醒，它伸了个懒腰，去毛毛虫的家里拜访。

水蚤喊了好多声都没有人应答，急坏了。它从窗户看进去，发现毛毛虫的身体外面结了一层厚厚的壳。

"毛毛虫，你在里面干什么呢？"水蚤拍着窗户喊。

可是，变成蛹的毛毛虫一动不动，没有回答。

水蚤见到蛹一动不动，以为自己的好朋友已经去世，十分伤心，呜呜地哭了出来。

正巧蚂蚁路过，看到水蚤哭得伤心，忙问它发生了什么事。

"我的朋友，毛毛虫，被困在那个厚厚的大壳子里了，我不知道该怎么办。"

蚂蚁安慰道："别担心，它只是在完成最后的变化，等成功后，你就可以见到它啦。"

知识小卡片

蛹是一些昆虫从幼年走向成熟的标志。这个阶段的它们会停止进食，并且不再活动，将自己用丝包裹起来，在自己搭建的"安全室"中开始生长。在这一时期之前，它们的体形明显变小，身体的颜色也开始逐渐变淡。当进入蛹发育的末期，它们的翅膀和附肢便翻出体外，等待着最后的蜕变。

从此以后，水蚤每天都会来看望毛毛虫。

担心毛毛虫突然从梦中醒来没有吃的，水蚤每天都会给它带来最鲜嫩的叶子。

鲜嫩的叶子逐渐泛黄，水蚤也一天天长大，蛹还是没有任何动静。水蚤十分担心，直到有一天，来看望毛毛虫的水蚤发现毛毛虫的家门大开着。

水蚤高兴极了，以为毛毛虫已经蜕变成功。它着急地进入屋内，却发现屋里空无一人，蛹壳也空了。

水蚤大惊失色，忍不住担心地想："毛毛虫去哪里了？会不会被吃掉了？"

水蚤冲出门外，大喊道："毛毛虫，你在哪里呀？"

　　这时，一只美丽的蝴蝶从远处飞了过来，它在水蚤的身旁翩翩起舞。

　　"水蚤，我在这里！我是你的好朋友毛毛虫。"

　　"毛毛虫，真的是你吗？你已经变成蝴蝶啦！"

　　看着毛毛虫变成蝴蝶，水虿十分羡慕。蝴蝶的翅膀在阳光的照耀下绚烂夺目，多么美丽！

　　水虿看着蝴蝶优美的舞姿，又看了看自己的身体，有些失落。

　　"我也好想像你一样，在空中自由自在地飞翔呀！"水虿说道。

　　"相信你一定可以的！"蝴蝶回答道。

过了几天，水虿悄悄地从水里爬上了岸。它用力完成了最后一次蜕变，羽化成虫，变成了蜻蜓。

"哇，我终于可以飞起来了！"水虿惊喜地说道。

知识小卡片

蜻蜓是一种无脊椎动物，它的幼虫就是我们所说的水虿。大多数种类的水虿长成蜻蜓需要2年左右的时间，有的种类甚至需要5年以上才能够变成蜻蜓。别看蜻蜓小小的，却是肉食性动物呢！苍蝇、蚊子等都是它的最爱。

由于蜻蜓的食物大多是农林牧业的害虫，因此人们十分喜爱蜻蜓。蜻蜓在我国各地都有分布，古人还作了许多关于蜻蜓的诗。比如，宋代诗人杨万里在《小池》中写道："泉眼无声惜细流，树阴照水爱晴柔。小荷才露尖尖角，早有蜻蜓立上头。"

　　水蚤变成蜻蜓后，想要捉弄一下蝴蝶。它悄悄躲在树后，等待着蝴蝶的到来。不一会儿，蝴蝶像往日一样来找水蚤玩耍，可它四处寻觅，就是不见水蚤的身影。

　　蝴蝶急得团团转，呼喊道："水蚤，你在哪里呀？"

　　这时，水蚤变成的蜻蜓突然从蝴蝶的背后飞了出来。

　　"蝴蝶，早上好！"蜻蜓说道。

　　蝴蝶上下打量着蜻蜓，不确定地问道："你是水蚤吗？"

　　"是我呀！我变成了蜻蜓，也会飞了！"蜻蜓说道。

　　"太好啦，我们可以一起飞去更远的地方看看了。"蝴蝶高兴地说。

灿烂的阳光洒向大地，毛毛虫变成的蝴蝶和水蚤变成的蜻蜓一起飞向了蓝天。

在空中，它们看到了压弯枝头的果子，看到了住在屋檐下的燕子，一切都是那么生动有趣。

"外面的世界真精彩！"蝴蝶和蜻蜓说。

知识小卡片

蜻蜓作为一种益虫，不仅对维护农田生态有很大的帮助，有的还具有药用价值。蜻蜓的体内含有一些活性物质，可以作为药材。此外，蜻蜓的体内还含有丰富的蛋白质、氨基酸、矿物质等，因此在食用方面前景广阔。有些蜻蜓外形十分优美，有的人会将其做成标本收藏观赏。

我为什么长这样？

这一天，食蚁兽在森林里捕食蚂蚁。它的身体细细长长的。它的牙齿尖锐无比，能够轻而易举地将小昆虫咬成两半。

捕食时，食蚁兽用有力的前肢挖开蚁巢，张开长长的嘴巴，露出黏糊糊的舌头，一伸一卷，就把蚂蚁们卷进了嘴巴里，一口吞下。

路过的小兔子见到食蚁兽捕食蚂蚁的模样，忍不住捂嘴笑。

"食蚁兽，你长得真奇怪啊！"小兔子说。

食蚁兽听了小兔子的话，赶紧来到河边照镜子。水面上倒映出食蚁兽的影子，它细细端详着自己的模样，半晌还是看不出来哪里奇怪。它歪着头说："我看起来很奇怪吗？我觉得挺正常的呀！"

可是，小兔子说的话总是在它的脑海里回荡，接着，食蚁兽做了个决定："我要去寻找长得比我更奇怪的朋友！"

知识小卡片

食蚁兽可分为两大类：大食蚁兽和小食蚁兽。大食蚁兽体长为 1~1.3 米，舌头能够向外伸出 50 多厘米。它们善于游泳，主要栖息于潮湿的森林和沼泽地带，人们能够在中、南美洲见到它们的身影。小食蚁兽体长只有 50~60 厘米，分布于墨西哥、巴拉圭和秘鲁等地。它们白天常常隐蔽在茂密的林子里或树洞里，到了黑漆漆的晚上才出门觅食。

　　食蚁兽走进了郁郁葱葱的树林，它望向四周，心想：树林里的小动物这么多，一定能找到长得比自己更奇怪的朋友。

　　看，刚进森林不久，食蚁兽就看见树上倒挂着一只长相奇特的树懒，它的爪子又大又强壮，手指像弯钩一样。

　　食蚁兽从来没有见过长得这么奇怪的爪子，于是它指着树懒的爪子，好奇地问："它为什么长这样呢？"

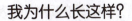

树懒缓缓地睁开眼睛，懒洋洋地说："有抓力的爪子，可以牢牢地抓住树枝，让我安全地悬挂在半空中，这样我就能倒挂在树上睡觉啦！"

"原来如此。"食蚁兽好像明白了些什么。

知识小卡片

人们往往把行动缓慢的人比喻成乌龟，但其实树懒比乌龟爬得还要慢！

树懒虽然有脚，却并不能走路，而是需要依靠前肢拖动身体前行。因此，如果树懒要移动两千米那么远，那它需要爬一个月才能到。虽然如此，当它来到水里，可就是游泳健将了！

树懒大多生活在南美洲茂密的热带森林中。它从不下树，喜欢吃树叶、嫩芽和果实，吃饱了就倒吊在树枝上呼呼大睡，是一种非常懒惰的动物。

告别了树懒，食蚁兽继续向前走去。当它走到一片草地上时，看到了一条蜷缩着的蛇。

只见蛇身上的鳞片闪烁着冰冷的光芒，细长的身躯盘在一起，像一个凸起的小谷堆。它那狭长的双眼紧紧盯着猎物，倒三角的头小小的，嘴巴却极大，正嘶嘶地吐着红信子，见到它的人都会打个寒战。

食蚁兽不明白，为什么蛇的头这么小，嘴巴却这么大？于是食蚁兽指着蛇的嘴，好奇地问："它为什么长这样呢？"

蛇快速地捕捉了一只大蟾蜍，一口吞了下去，说："大嘴巴可以让我吞下体积大的食物。"

听完蛇的话，食蚁兽看着自己长长的尖嘴，若有所思。

知识小卡片

蛇是一种变温动物，体温会随气温变化而变化。这是因为蛇本身并没有完善的体温调节机制可以维持恒定的体温。

20~30℃是最适宜蛇类活动的温度，在这个范围内，随着温度的上升，蛇的生长速度也会加快。蛇的活动与外界温度、湿度、光线以及食物密切相关。到了冬天，蛇会躲在洞里呼呼大睡，进入漫长的冬眠。

食蚁兽继续往前走，来到了青青的草原上。

有一只鸵鸟，正在悠闲地踱步。它的脖子像一张柔韧的弓，高高地托着小巧的脑袋。灰褐色的羽衣在阳光下泛着淡淡的光泽，一双圆溜溜的大眼睛警惕地扫视四周，长长的睫毛忽闪忽闪的，显得机敏又温和。

食蚁兽仰着头看着鸵鸟，惊呆了，它以前从来没有见过这样的脖子。它指着鸵鸟的脖子，好奇地问："为什么长这样呢？"

鸵鸟一边进食一边说："长长的脖子，让我能看得更远。发现危险时，我可以立刻逃跑！"

食蚁兽点点头，感觉自己又学到了一些知识。

小剧场

蝴蝶:"鸵鸟,你的脖子这么长,要怎么喝水呢?"

鸵鸟:"哎,我也很烦恼这个问题。由于脖子太长,我喝水时必须弯下脖子,把脑袋低到水面才行。在这个时候,我很容易遭到天敌攻击。"

蝴蝶:"啊,那怎么办呀?"

鸵鸟:"别担心!我们鸵鸟家族有办法。喝水时,我们总会轮流站岗,一只低头喝水,另一只就伸直脖子警戒。一有危险,'哨兵'就会发出警报,大家立刻逃跑!"

蝴蝶:"你们真聪明!"

　　走啊走啊，食蚁兽来到了小河边，看到了正在捕食的巨嘴鸟。

　　巨嘴鸟是一种生活在热带雨林的鸟类，最引人注目的就是它那巨大而鲜艳的嘴巴。巨嘴鸟喜欢吃水果、昆虫和小型爬行动物，偶尔也会捕食小鱼或蛙类。

　　巨嘴鸟身披五彩斑斓的羽毛，看起来就像雨林里的彩虹。它的脚趾两前两后，能稳稳地抓住树枝，在树冠间灵活跳跃。

　　食蚁兽好奇地指着巨嘴鸟的嘴巴，问道："为什么长这样呢？"

　　巨嘴鸟啄起一颗浆果，一口吞了下去，说："我的大嘴巴不仅能帮我摘果子，还能吓跑其他想抢我食物的家伙呢！"

我为什么长这样？

知识小卡片

巨嘴鸟的喙虽然看起来又大又笨重，但其实非常轻巧，其内部是中空的。令人意外的是，巨嘴鸟的喙还能帮助它调节体温。

科学家发现，巨嘴鸟的喙里有许多血管，当天气炎热时，血液流经喙部，可以快速散热，就像天然的"空调"一样！

告别了巨嘴鸟，食蚁兽来到河边，遇到了正在晒太阳的河马。

河马的体形巨大，泡在水里时，就像一座浮动的小岛。它的皮肤厚实而光滑，呈灰褐色，在阳光下泛着微微的水光。河马是淡水里的"重量级选手"，平时喜欢懒洋洋地泡在水里，只露出眼睛和鼻孔，但到了夜晚，它们就会上岸吃草。

突然，河马打了个哈欠，露出巨大的嘴巴，食蚁兽吓了一跳，指着河马的鼻孔问："为什么长这样呢？"

河马慢悠悠地说："这样我在水里泡着的时候，只要稍稍抬头就能呼吸啦！"

知识小卡片

小朋友们, 你们知道为什么河马整天泡在水里, 却不会像鱼一样用鳃呼吸吗?

其实, 河马和鲸鱼一样, 都是哺乳动物, 它们用肺呼吸, 所以必须定期浮出水面换气。而鱼是用鳃呼吸的, 可以直接从水里获取氧气。河马虽然喜欢待在水里, 但它们的身体结构更适合陆地生活, 只是进化出了适应水中活动的特点, 比如眼睛和鼻孔长在头顶, 方便在水下观察和呼吸。

　　食蚁兽继续向前走，走进了炎热的草原，在这里它碰到了正在觅食的非洲疣猪。

　　非洲疣猪的脑袋很大，脸上长着几对凸起的"疣子"，看起来有点滑稽。它的身体粗壮，披着一层稀疏的硬毛，皮肤呈灰褐色。疣猪的眼睛小小的，但视力很好，可以及时发现远处的危险。最特别的是它那对向上弯曲的大獠牙，这可是它挖掘食物和自卫的重要工具！

　　食蚁兽对疣猪脸上的"疣子"感到十分好奇，指着它们，疑惑地问："为什么长这样呢？"

　　疣猪一边用鼻子拱着泥土找食物，一边回答："这些'疣子'其实是厚厚的皮脂垫，能保护我的脸不被树枝刮伤，打架时还能缓冲对手的撞击呢！"

知识小卡片

　　非洲疣猪是草原上的生存高手!它们擅长用强壮的鼻子挖掘地下的根茎、块茎和昆虫幼虫。虽然看起来笨拙,但遇到危险时跑得飞快,时速能达到 50 千米!

　　疣猪的"疣子"在雄性身上更明显,随着年龄增长会变得更大。

　　跨过了草原，食蚁兽来到高山地带，遇到了正在岩石间跳跃的岩羊。

　　岩羊的身体矫健有力，披着一层灰褐色的厚实毛发，能完美融入山岩的环境。它的四肢修长且肌肉发达，蹄子宽大且边缘坚硬，像穿了特制的登山靴。最引人注目的是那对弯曲的大角，从头顶向后延伸，形成优雅的螺旋形。

岩羊正灵巧地在陡峭的崖壁上移动，食蚁兽仰着头，指着它的蹄子问："为什么长这样呢？"

岩羊停下脚步，低头解释道："我的蹄子中间有柔软的肉垫，能紧紧抓住岩石的缝隙，边缘的硬壳可以防止打滑。这样我就能在悬崖上跑来跑去啦！"

知识小卡片

岩羊是高山上的"极限运动专家"，它们能在近乎垂直的岩壁上如履平地。当遇到雪豹等天敌时，岩羊会故意选择最陡峭的路线逃跑，那些对其他动物来说寸步难行的悬崖，对它们而言却是最安全的"高速公路"，因为它们的天敌很难在如此陡峭的地形上追上它们。

　　见到了这么多奇特的动物朋友，食蚁兽明白了一个道理：每种动物的长相都和它们的习性有关，这是生物进化的结果。

　　"其实，我的长相也并不奇怪，虽然和大家不一样，但这都是适宜我自身的最好的长相！"

　　食蚁兽哼着歌，愉快地回了家。

知识小卡片

　　小朋友们,你们知道生物进化是什么意思吗?进化,又叫作演化,在生物学中,进化指的是遗传的性状在生物种群世代之间的变化。比如早期的人类,其实长得和大猩猩非常类似,但是由于常年在陆地上行走,逐渐进化出了长且有力的双腿。为了捕猎和生存,人们必须学会使用工具,因此,逐渐地,人类进化出了灵活的双手,可以熟练地制造和使用各种有用的器具。

　　当这些遗传和变异受到自然的选择,在种群中变得较为普遍或者不再稀有时,生物就发生了进化。

　　在家门口，食蚁兽见到了坐在地上挠痒痒的小兔子。"好痒啊！"小兔子忍不住喊道。

　　原来，小兔子的身上爬满了淘气的蚂蚁。小兔子短短的腿和手无法抓住这些蚂蚁，只能任它们在身上爬来爬去，毫无办法。看着身上爬满的蚂蚁，小兔子感到既生气又伤心，它真希望自己能长出像猴子那么长的双手或者是食蚁兽那样灵活的舌头，可以把这些折磨人的小家伙们给捉住。

"食蚁兽，你能帮我抓蚂蚁吗？" 看到食蚁兽，小兔子又惊又喜，恳求道。

知识小卡片

　　兔子是一种十分常见的动物。在荒漠、草原、森林中，人们都能见到它们活泼可爱的身影。兔子有长长的耳朵，大大的眼睛，茂密的毛发，有力的后肢。它们胆子比较小，白天表现得很安静，到了夜间才会变得活跃起来。兔子属于夜行动物，它们的视力很好，眼睛能大量聚光，即使在昏暗处也能看得到东西。

"当然可以，交给我吧！"食蚁兽一口答应。只见食蚁兽伸出长长的舌头，轻轻一舔，就把蚂蚁们抓住了。

"啊，舒服多了！食蚁兽，谢谢你。真羡慕你有长长的舌头！"小兔子由衷地道谢。

听了小兔子的称赞，食蚁兽露出了灿烂的笑容。这时，食蚁兽也有了深刻的感悟：大家都是独一无二的，不需要为奇特的长相而烦恼，接受自己，善于发现自己的长处，自信起来，就会发现生活中处处是美好！

我为什么长这样?

177

我的朋友在哪里？

这一天，一个小男孩来到池塘边玩耍。池塘里的水清亮亮的，像一面硕大的镜子，倒映出男孩的身影。

"要是有朋友跟我一起玩该多好啊！"小男孩心想，"可是，我应该找谁做朋友呢？"

这时，一只青蛙在荷叶上欢快地蹦跶。青蛙披着一身碧绿的衣裳，雪白的肚皮一鼓一鼓的，十分可爱。

它的头又宽又扁，头上顶着一对圆溜溜的大眼睛。青蛙的弹跳本领可大了，一蹦就是一米多的距离。

"青蛙，我们来做朋友，你跟我玩吧！"小男孩说。

"对不起，我该去'青蛙合唱团'训练了。"青蛙说。

青蛙转过身，和朋友们一起唱起了歌。

"呱呱呱……"

知识小卡片

　　青蛙的嘴巴旁边有一个可以发出声音的气囊，这是它美妙歌声的来源。

　　在炎热的夏天，青蛙一般都躲在草丛里乘凉，偶尔才叫几声，如果这时旁边有其他的青蛙，它们就会应和着也叫几声，仿佛在对歌一样。等到大雨之后，青蛙们则聚在一起"呱呱——呱呱——"地叫个没完，几百米外都能清楚地听到。它们是当之无愧的"青蛙合唱团"。

　　小男孩失望地告别了青蛙，向前走去。突然，他看见一只漂亮的丹顶鹤，在池塘边翩翩起舞。通体雪白的丹顶鹤有着黄色的脚爪、长长的尖嘴和一顶小小的"红帽子"。它的脖颈细长柔软，在阳光的照射下弯成一个美丽的弧度。丹顶鹤身姿优雅，双腿纤细，就算只是站在那儿，也显得十分高贵。只见它微微张开双翼，迈着轻快的脚步，展示自己高超的舞蹈水平。

　　小男孩不由得看呆了，他多么希望这只漂亮的丹顶鹤能成为自己的朋友啊!

　　"丹顶鹤，我们来做朋友，你跟我玩吧!"小男孩说。

　　"对不起，我该去'丹顶鹤舞蹈队'集合了。"丹顶鹤说。

　　丹顶鹤优雅地展开翅膀，轻盈地飞走了。

知识小卡片

　　丹顶鹤历来都是备受中国人喜爱的鸟类之一。

　　古人认为丹顶鹤象征着忠贞清正的高尚品德。丹顶鹤在明清官服制度中被用作一品文官的标识，是官僚体系中最高等级的象征之一，因此丹顶鹤也被人们称为"一品鸟"。

　　传说中的仙鹤，指的就是丹顶鹤。丹顶鹤的寿命可长达60年，因此人们常常把它和松树画在一起，以此表达祈求长寿的美好愿望。

　　小男孩继续往前走，他在池塘边的草丛里，发现了一只正在开屏的孔雀。

　　孔雀的头上插着几朵小巧的翡翠花，随着它的动作一摇一摆，十分好看。孔雀开屏非常漂亮，就像是一把展开的大扇子，每一根羽毛都无比精致，透着碧绿色的光泽，吸引着所有人的目光。

　　小男孩很喜欢漂亮的孔雀，他想和孔雀做朋友，于是他对孔雀说："孔雀，我们来做朋友，你跟我玩吧！"

可是，孔雀却并不这样想。

"对不起，我不跟陌生人玩。"孔雀摇摇头说。

它警觉地收起美丽的羽毛，快速地逃走了。

知识小卡片

　　自然界最美丽的鸟类中，孔雀榜上有名。它象征着善良、美丽和华贵，常常被人们誉为"吉祥之鸟"。

　　孔雀性情机警，胆小怕人，活动时常常抬头观望四周动静，发现人时就算隔得很远也会立即逃走或者向远处飞去。孔雀不擅长飞行，但善于奔走。它走起路来步履轻盈矫健，一步一点头。

　　孔雀喜欢在白天活动，中午会上树或者在阴凉的地方休息，到了晚上会直接睡在树上。

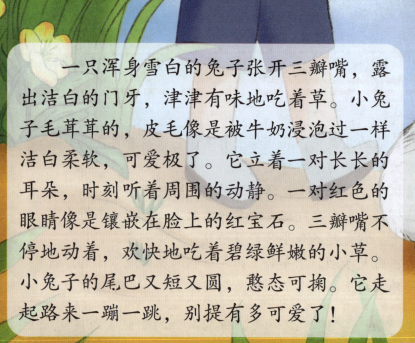

看，了不起的动物朋友们

　　一只浑身雪白的兔子张开三瓣嘴，露出洁白的门牙，津津有味地吃着草。小兔子毛茸茸的，皮毛像是被牛奶浸泡过一样洁白柔软，可爱极了。它立着一对长长的耳朵，时刻听着周围的动静。一对红色的眼睛像是镶嵌在脸上的红宝石。三瓣嘴不停地动着，欢快地吃着碧绿鲜嫩的小草。小兔子的尾巴又短又圆，憨态可掬。它走起路来一蹦一跳，别提有多可爱了！

　　小男孩立刻喜欢上这只小兔子了，他小心翼翼地问："兔子，我们来做朋友，你跟我玩吧！"

　　"对不起，我还没吃饱，要去其他地方找吃的。"兔子摇摇头说。

　　兔子竖起耳朵，蹦蹦跳跳地跑开了。

小剧场

　　小鸟："小兔子，听说你是跳远高手，这是真的吗？"

　　兔子："当然是真的了！我能跳 50~60 厘米高，能跳 1 米左右远。如果努努力，我甚至能跳 3 米远呢。我虽然个头小，但运动能力可不差。"

　　小鸟："哇，好厉害，你是怎么做到的？"

　　兔子："我的前肢短小，后肢发达有力，非常适合跳跃。运动时，我先用后肢使劲蹬地，然后两只前肢前后分开落地，形成两个支点支撑我的重心，接着后肢落在前肢的前面，整个身体形成一个球，重心回到后肢后，再一次蹬地，以此循环跳跃，就能跳得又快又远啦。"

　　小鸟："原来如此，我明白了！"

"这里好像没有我的朋友。"小男孩有些失望地说。

他继续往前走，来到了一片树林里，只见两只大猩猩坐在大树下嬉戏玩耍。大猩猩的脸长得很特别，脸的两边长着颊垫，像是筑起两道挡风的墙，喉头还挂着一个大口袋，那是猩猩的鸣囊。这样，它的脸显得很大，相比之下，它的一对眼睛就显得很小，仿佛是两个图钉。

大猩猩浑身长着又长又黑的毛，脸上有很多皱纹，大大的嘴巴向前凸出。大猩猩是最大的类人猿，也是最大的灵长类动物呢！

　　小男孩喜欢这样威风霸气的动物，他很想和猩猩们成为朋友。

　　"大猩猩，我们来做朋友，你们跟我玩吧！"小男孩说。

　　可是，大猩猩们似乎没听到，相互挠起了痒痒。

知识小卡片

　　大猩猩过着家族式的群居生活，成员组成比较稳定，一般由年龄较大且身强力壮的成员担任首领。族群中有着较为严格的等级制度。首领是第一等级的，负责解决群内冲突，决定群体的行动方向，保障成员的安全等，其他成员都对首领毕恭毕敬。在与其他动物斗争时，其他成员都服服帖帖地听从首领的指挥。遇到危险时，首领常常叫其他成员躲藏起来，由自己单独去对付敌人。

　　见到大猩猩不理自己，小男孩只好无聊地蹲下身，却发现一群小蚂蚁爬了过来。

　　蚂蚁全身穿着黑色或者棕色的盔甲，像一个个英勇的小战士。它们的头上长着两根触角，别看触角小小的，但它能给其他蚂蚁传播信息，是蚂蚁不可或缺的重要器官。蚂蚁一共有6只脚，相互配合，行动十分敏捷自如。蚂蚁们团结起来，甚至能搬动相较于自己身体重量数十倍的东西。瞧，蚂蚁军队此时正搬运着一颗红彤彤的果实呢，这可是一顿丰盛的晚餐！

　　"小蚂蚁，我们来做朋友，你们跟我玩吧！"小男孩说。

　　可是，蚂蚁们忙着搬运果实，气喘吁吁地回家了。

我的朋友在哪里？

知识小卡片

　　小朋友们，你们知道蚂蚁住在哪里吗？蚂蚁喜欢把巢穴建在地下，它们可是名副其实的"建筑专家"。

　　蚂蚁会在蚁巢内修筑许多各有用处的分室，把自己的家修建得牢固安全又宜居舒适。蚁穴内的道路四通八达，颇为复杂。蚁巢里面既通风又凉快，冬暖夏凉，食物不易坏掉。

　　对于蚂蚁来说，这是它们安居乐业的家园。

小男孩继续向前走，他来到了一片花丛中。这里鲜花盛开，香气四溢，娇嫩的花瓣随着微风轻轻摇摆，有几只翩翩起舞的蜜蜂在其中自由地飞翔。

蜜蜂的身体是黄色的，上面有许多黑褐色的条纹。蜜蜂有两对透明的翅膀、6条细短的腿，浑身毛茸茸的，很可爱。蜜蜂是勤劳的代名词，它们从这一朵花上飞到另一朵花上，可不是在玩耍，而是在辛勤地采集花粉，酿造香甜可口的蜂蜜。小男孩喝过蜂蜜泡的水，甜滋滋的，这让他对蜂蜜的制造者——小蜜蜂们很有好感。

"蜜蜂，我们来做朋友，你们跟我玩吧！"小男孩说。

可是，蜜蜂们全神贯注地采蜜，不停地扇动翅膀，发出"嗡嗡"的声音，没有任何一只蜜蜂理睬小男孩。

知识小卡片

小朋友们见过蜜蜂跳舞吗？

侦察蜂是蜂群里的"专业舞者"。当它们在离蜂巢100米以外的地方发现了蜜源，就会跳起摆尾舞，通过这样的舞蹈语言传递信息，告诉同伴食物所在的方向和距离。

　　"哼，都找不到朋友跟我玩！"小男孩噘着嘴说。

　　他走进一个黑漆漆的洞穴，发现里面挂着许多小蝙蝠。

　　蝙蝠长得很像老鼠，耳朵竖立在脑袋上，一双黑眼睛像玻璃球似的镶嵌在脸上。蝙蝠背后长了一对黑色的"翅膀"，可以自由伸展。它很像一只风筝，躯体上覆盖着一层强韧的薄皮膜，犹如风筝木架上的糊纸。蝙蝠拥有可以在黑夜里自由飞翔的本领。

　　小男孩以前从来没有见过这种小动物，他像是发现了新大陆一般绕着小蝙蝠们转了个圈。

"小蝙蝠，我们来做朋友，你们跟我玩吧！"小男孩说。

可是，还没等到小蝙蝠们回答，凶猛的蝙蝠妈妈就飞了过来，作势要攻击小男孩，吓得小男孩赶紧逃跑。

知识小卡片

为了适应夜间生活，蝙蝠的生理结构也发生了一系列相应的变化。蝙蝠通常视觉较差而听觉异常发达，它们可以发出超声波并根据声波的反射确定事物的具体方位。因此，蝙蝠能够在夜间或十分昏暗的环境中自由地飞翔和准确无误地捕食。

蝙蝠的这种特殊技能叫作回声定位，就是根据这一原理，科学家发明了声呐。

　　小男孩穿过树林，来到了宽阔的海边。海面上，有一群鲸喷着高高的水柱，自由自在地遨游。

　　鲸虽然生活在海里，但却不是鱼类，而是哺乳动物。它的体形很大，当它接近小男孩时，小男孩感觉面前竖起了高墙。鲸的身体呈流线型，头部比身体略短，由头向尾部逐渐变细。它的皮肤十分光滑，没有明显的鳞片。大多数鲸都是黑灰色的，头顶有呼吸孔，鲸喷水的时候代表着它正在呼吸换气呢！

"鲸，我们来做朋友，你跟我玩吧！"小男孩说。
可是，鲸猛地一跃，又钻到海里去了。

知识小卡片

　　鲸是地球上体形最大的动物之一，也是生活在海洋中的大型哺乳动物。鲸的身体呈流线型，能够迅速游动。它们的皮肤光滑且富有弹性，有利于减少水流阻力。

　　小男孩走累了，坐在金色的沙滩上休息。这里有许多螃蟹在漫步，它们长着一对特殊的眼睛，名叫柄眼。

　　螃蟹有一身青色的壳，两只小眼睛黑溜溜的，一对钳子大而有力，显得十分威武。螃蟹就像一位风风火火的大将军，要是遇上危险，它不像乌龟那样把头缩到壳里去，而是快速爬行，用钳子与敌人对抗。

　　最有趣的是它的眼睛可以自由伸缩。你碰一下它的眼睛，这眼睛马上就缩回去，犹如害羞的小姑娘。小男孩被这种可爱有趣的动物吸引住了。要是能够跟螃蟹成为朋友，那该多好啊，小男孩心想。

知识小卡片

　　螃蟹的一生会经历多次蜕壳。每蜕一次壳，螃蟹的体长、体重都会有一次飞跃式的改变。从仔蟹长到成蟹要蜕壳十数次，对螃蟹而言，每一次蜕壳都是在"渡劫"。

　　在蜕壳前，薄薄的新壳开始生长。蜕壳时，螃蟹的"盔甲"会裂开一条缝，它利用肌肉的伸缩和身体的摆动逐渐从旧壳中蜕出。螃蟹最初的新壳是软的，肢体也软弱无力，此后随着钙质的积累逐渐变硬。

　　"螃蟹，我们来做朋友，你们跟我玩吧！"小男孩说。

　　可是，螃蟹扬了扬钳子，大摇大摆地爬走了。

197

　　"呜呜，大家好像都讨厌我！难道是我做错了什么吗？"小男孩忍不住哭泣。他一边哭一边心想：为什么大家都不愿意跟我玩，为什么我就是交不到好朋友呢？

　　他垂着头，慢慢走回池塘边。究竟谁会成为小男孩的朋友呢？这时，小男孩惊讶地发现，池塘边又来了一个穿着连衣裙的小女孩。小女孩看到男孩也很惊讶，她没有想到在这里还能碰见和自己一样的小朋友。小女孩见男孩很伤心，便耐心地询问男孩发生了什么事。

　　男孩向女孩诉说了这一天的遭遇，问："动物们都不想和我做朋友，是讨厌我吗？"

　　"不，动物们不是讨厌你，而是它们和你的需求不一样。它们有自己的同类朋友。我们都是人，有相同的生活习性和需求，不如就让我们来做朋友，你跟我玩吧！"小女孩说。

　　"好啊好啊，我终于有朋友了！"小男孩开心地说。小男孩和小女孩的脸上都露出了欣喜的笑容。这下大家就都有了最适合自己的朋友啦！

苹果被谁吃掉了？

当秋天来临的时候，苹果树上挂满了丰硕的果实。一个个红彤彤的苹果像是圆鼓鼓的小灯笼，喜气洋洋地挂在枝头上，随风微微摆动，好像在招手邀请人们品尝它们的甜美，又像是少女羞红的脸颊，秀美可爱，令人想要轻轻咬上一口。

"啪！"只听见一声闷响，突然，一个红艳艳的苹果从树上掉了下来。由于地上铺满了厚厚的树叶有缓冲作用，苹果还很完好，光滑的表皮散发着淡淡的芬芳，甜蜜诱人。可以想象，如果将它切开来，就能看见那香甜黏稠的汁液迸发出来……大自然的馈赠是如此慷慨。

知识小卡片

俗话说："一天一苹果，医生远离我。"苹果是一种营养丰富的水果，素有"水果之王"的美誉。

苹果喜欢光照，有耐寒的特性，能够生长在气候干燥、冷凉的地方。土质疏松、深厚、肥沃、排水良好的土壤，才适合种植苹果。

　　"咕咚，咕咚……"

　　掉落的苹果缓缓地向前滚动着，最终停在了一棵大树下。树下的一片落叶上，毛毛虫正在午休。它原本睡得正香，可滚过来的苹果引发了一阵"地震"，将毛毛虫从美好的梦乡唤醒。

　　"哦，我的老天爷！"毛毛虫不敢相信自己的眼睛，激动地说，"居然有这么好的一个苹果自己跑到了我的面前！"

　　面对这顿丰盛的大餐，它几乎以为自己还在做梦。尝试着啃了一口，毛毛虫被口中的美妙滋味彻底折服，开始大口大口地吃了起来。

知识小卡片

　　毛毛虫没有翅膀，行动迟缓，生存对于它们来说就是一场战争。但是它们很聪明，精通伪装和防卫。毛毛虫会利用自己皮肤上的斑点来伪装自己。比如，当它躺在绿叶上时，人们就很难找到它。

　　夏天乘凉时，我们不要在有毛毛虫的树下停留，尽量穿长袖衣服，注意防护。若毛毛虫掉落到身上，不要胡乱拍打，应轻轻抖掉。皮肤上如果沾有毛毛虫的毛，可用医用胶布把毛粘去。

203

　　这一幕，正好被小鸡看到了。小鸡浑身都是毛茸茸的黄色羽毛，头部比较小，呈三角形，有一对小而明亮的眼睛，喙短而强壮。

　　它挺着圆滚滚的身子，尖尖的嘴巴朝着毛毛虫，生气地说："毛毛虫，你竟然吃了我想吃的苹果，我要教训你！"说完，小鸡气冲冲地跑了过来，像是一阵小旋风，带起了一地落叶。毛毛虫吓得大惊失色，想要转身逃跑，却因为行动迟缓被小鸡轻而易举地追上了。

与小鸡相比，毛毛虫是那样弱小且无助。只见小鸡张开嘴巴，用锋利的尖嘴猛地一啄，不费吹灰之力就把毛毛虫吃进了肚子里。

知识小卡片

小朋友们，你们知道为什么鸡会吃沙子吗？鸡吃沙子是为了帮助消化食物。由于鸡没有牙齿，它会吃一些沙子来磨碎食物，使食物更容易被消化吸收。同时，鸡的胃里有一个小口袋，叫作"砂囊"，里面装着吃进去的小沙子。鸡吃的食物和沙子混在一起，磨碎的食物就很容易被消化吸收了。

　　这一幕，正好被黄鼠狼看到了。黄鼠狼周身金黄，布满了细密的绒毛。它的头相较于身躯而言十分小巧，一对短而尖的耳朵机敏地竖在头顶，时刻注意着周围的动静。别看黄鼠狼长得可爱，它捕猎时可凶狠了，锋利的牙齿一咬，就能把家禽的脖子咬断。

黄鼠狼生气地说："小鸡，你竟然吃掉了我想吃的毛毛虫，我要教训你！"说完，黄鼠狼露出锋利的牙齿，飞快地从草丛里窜了出来。它猛地捉住小鸡，三两下就把小鸡按在了地上。

小剧场

小草："黄鼠狼，为什么其他小动物都说你很臭呀？"

黄鼠狼："哈哈，其实是因为我的肛门两边有一对臭腺。在遇到敌人时，我可以从臭腺中射出一股分泌物，如果敌人被分泌物射中头部，就会中毒。这可是我最有效的攻击手段之一呢！"

小草："原来如此。听说你跑得也特别快？"

黄鼠狼："没错！我尤其擅长奔走，能贴伏地面前进、钻缝隙和洞穴，也能游泳、爬树和墙壁等，没有什么能难倒我！"

小草："哇，你可真厉害！"

这一幕，正好被苍鹰看到了。

苍鹰是一种中小型猛禽，穿着一袭黑衣，眼神锐利冰冷，嘴巴尖尖的，像弯钩，是一种非常霸气的鸟类。苍鹰的视觉特别敏锐，也很善于飞翔。它一般在白天活动，十分机警。在遥远的高空中，苍鹰的视线已经早早地锁定了正在大快朵颐的黄鼠狼。

苍鹰生气地说："黄鼠狼，你竟然吃掉了我想吃的小鸡，我要教训你！"说完，苍鹰飞快地从天上俯冲而下，像是一支离弦的箭。借着巨大的冲击力，它一把就抓住了黄鼠狼。黄鼠狼霎时间失去了反抗能力，软软地倒下。苍鹰张开嘴，开始享用美味的猎物。

知识小卡片

苍鹰在空中翱翔时，常常将翅膀水平伸直，或是稍稍向上抬起，偶尔扇动几下。不过，除了迁徙的时候，它们很少在空中翱翔。

更多的时候，苍鹰会隐藏在森林的树枝间，仔细地寻找着猎物。苍鹰的飞行技巧十分高超，能利用翅膀和尾羽来调节速度和改变方向，在森林中随心所欲地飞行。一旦发现中意的食物，则迅速俯冲，利用脚爪捕获猎物。苍鹰捕食的特点是猛、准、狠、快，杀伤力很大。

看，了不起的动物朋友们

这一幕，正好被附近的猎人看到了。猎人不由得生气地说："苍鹰，你竟然吃掉了人类的田间卫士，我可要好好教训你！"说完，猎人拿出弓箭，瞄准了苍鹰，用力射出。

"啪！"只听见一声脆响，苍鹰一头倒在了地上，一动不动。猎人走近一看，苍鹰已经没有了呼吸。

苹果被谁吃掉了？

知识小卡片

　　猎人指的是专门从事打猎这一职业的人。俗话说："靠山吃山，靠水吃水。"这生动地反映了人类因地制宜的生存智慧。采集、打鱼、打猎等，都是历史久远的生存技能。

看，了不起的动物朋友们

时间慢慢流逝着，随着时间的推移，苍鹰的尸体渐渐变小了……

到了最后，甚至基本消失了，只留下一具骨架。原来，经过了微生物的分解，苍鹰的尸体化作肥料重新进入了土壤里，为苹果树提供更多的营养，能够帮助苹果树开更多的花，结出来更多、更香甜的果实！

知识小卡片

小朋友们，你们知道什么是微生物吗？微生物指的是细菌、病毒、真菌以及一些小型的原生生物、单细胞藻类等在内的一大类生物群体。

微生物的个头很小，却能发挥很大的作用，它们与人类的生活密切相关。和大型生物相比，微生物的生长繁殖速度非常迅速。

在工业上，人们也会广泛应用微生物来制作食物和药物。比如，酱油、酒、酸奶、酱菜、醋等，就是通过微生物发酵而制成的。采用微生物发酵法和酶法可生产药用氨基酸、核苷酸类药物、维生素类药物、辅酶类药物等。

微生物是人类不可或缺的好朋友！

看，了不起的动物朋友们

到了第二年，苹果树又结果了。果树依旧硕果累累，挂着一个又一个苹果，看着甚至比上一年更加丰美。

红彤彤的苹果有些害羞地半遮着面，藏在树枝和叶片的间隙中，像是一个个小灯笼，饱满可爱，似乎是在告诉人们自己的果肉多么丰满，自己的汁水多么香甜！

知识小卡片

现代汉语中所说的"苹果"一词，最早来自梵语。苹果和梨、李子一样，都属于蔷薇科。苹果树起源于中亚地区，如今已经在全世界范围内种植。苹果树属于落叶乔木，树干呈灰褐色。它往往会在四五月时开花，在秋季结出果实。

"啪！"

突然，伴随着声响，一个红彤彤的苹果从树上掉了下来，落在了厚厚的树叶上。不过，它一点儿也没破损，还是那么的饱满和完美，像是硕大的红色宝石，在夕阳的映照下愈发耀眼。

一个小男孩捡起苹果，愉快地吃了起来。

"真甜！"他开心地笑了。漫天的红霞带来温和的光晕，轻柔地抚摸着他的面颊。吃着甜甜的苹果，小男孩的心情很好。

他心想："这么甜的苹果，不能只有我一个人独享，我要让所有人都尝到甜甜的滋味"。

苹果被谁吃掉了?

他捡起了地上的苹果,装了满满一兜,准备带回家和爸爸妈妈还有小伙伴们一起分享。

小朋友们,你们知道最后到底是谁吃了苹果吗?

知识小卡片

为什么成熟的苹果会从树上掉下来?

在成熟以后,苹果不再需要从树上汲取营养,蒂部就容易裂开,果柄处的细胞就会出现脱水、角质化的现象。再加上引力的作用,在蒂部裂开之后,苹果梗不足以承受果实自身的重量,沉甸甸的果实就这样落下了。